LOS DETECTORES DE METALES EN ÁREAS HISTÓRICAS

LIBRO BILINGÜE

METAL DETECTORS IN HISTORIC AREAS

BILINGUAL BOOK

POR/BY JOSÉ ANTONIO AGRAZ SANDOVAL

Order this book online at www.trafford.com
or email orders@trafford.com

Most Trafford titles are also available at major online book retailers.

Printed in the United States of America.

ISBN: 978-1-4669-2992-0 (sc)

Trafford rev. 06/06/2012

 www.trafford.com

North America & international
toll-free: 1 888 232 4444 (USA & Canada)
phone: 250 383 6864 ♦ fax: 812 355 4082

DEDICATORIA

Este trabajo lo dedico a la memoria de mi padre Gabriel Agraz García de Alba 1926-2009. Con su actividad de escritor e investigador sobre la historia de México, me trazó un camino a seguir: que es la constante investigación de un tema para plasmarlo en papel con ideas claras, enriquecido de acontecimientos históricos formando así un libro, el cual estará siempre incondicionalmente dispuesto en tiempo y forma.

Para Dominicque Cousteau por su gran ayuda en convertir este trabajo al inglés.

RECONOCIMIENTOS

A todas las personas que usan detectores de metal porque es la herramienta esencial para detectar reliquias, objetos metálicos extraviados o enterrados del pasado; pero no son absolutamente nada sin la intervención humana que aporta la acción y pasión, para confirmar la historia de nuestros pueblos.

El autor

DEDICATION

This work is dedicated to the memory of my father Gabriel Agraz García de Alba 1926-2009. As a student of Mexican History. I continually research the subject and try to capture on paper the results of my research using clear ideas and rich historical events. This book is the outcome of my efforts.

To Dominicque Cousteau for their help in translating this book into English.

AWARDS

Many people use metal detectors, an essential tool for locating relics which are lost or buried objects from the past. But these pieces of history mean nothing without human interpretation that brings description and passion to confirm the history of our people.

The author

Título original:
Ayer y Hoy del Detector de Metales, 2005.

Primera Edición:
Los Detectores de Metales en Áreas Históricas.
Metal Detectors in Historic Areas.
Trafford Publishing, 2012.

Traducción al inglés:
Dominicque Cousteau y
José Antonio Agraz Sandoval.

Traducción al español:
José Antonio Agraz Sandoval.

Portada:
Colección de 2500 monedas de plata encontradas por el autor.

Dibujos por:
Copiados de los originales y dibujados por el autor.

Agradezco la colaboración de las siguientes personas de México:
Ing. Electrónica: Juan Sánchez.
Radio Técnico: Ramiro Hernández y Alejandro León Moreno. Benigno Aguilar Espinosa.
Israel Peñaloza, Eduardo Fernandez.

Personas de las cuales aprendí sobre detección de metales originarios de otro país:
Gary Chemelec, Canadá.
Carl Moreland, North Carolina, U.S.A.
Tim Williams, Louisiana, U.S.A.
Chris Wood, Oregon, U.S.A.
Jason Lieber, Nevada, U.S.A.
Mike Mont, Texas, U.S.A.
Ricardo Gascó, Barcelona, España.
Bernard Pewtress, Islas Baleares, España.
Nelson Lepe, Chile.

Original title:
Yesterday and Today, Metal Detector, 2005.

First Edition:
Los Detectores de Metales en Áreas Históricas.
Metal Detectors in Historic Areas.
Trafford Publishing, 2012.

English translation:
Dominicque Cousteau and
Jose Antonio Agraz Sandoval.

Spanish translation:
Jose Antonio Agraz Sandoval.

Cover:
Collection of 2500 silver coins found by the author.

Designs by:
Copied from the original and drawn by the author.

I appreciate the cooperation of the following people of Mexico:
Electronics Engineer: Juan Sánchez.
Radio Technical: Ramiro Hernandez and Alejandro León Moreno.
Hobbyist: Adan Gaspar,
Benigno Aguilar Espinosa.
Israel Peñaloza, Eduardo Fernandez.

People of which I learned about detection metals originating from another country:
Gary Chemelec, Canada.
Carl Moreland, North Carolina, U.S.A.
Tim Williams, Louisiana, U.S.A.
Chris Wood, Oregon, U.S.A.
Jason Lieben, Nevada, U.S.A.
Mike Mount, Texas, U.S.A.
Ricardo Gasco, Barcelona, Spain.
Bernard Pewtress, Balearic Islands, Spain.
Nelson Lepe, Chile.

CONTENIDO / CONTENTS

PREFACIO

Cuando alguien escucha la frase "detector de metales", inmediatamente viene la idea de que es simplemente un localizador de "fierros", o que tal vez es un juguete; pero en la práctica es un verdadero instrumento científico inventado por el hombre y que ha ayudado grandemente a la humanidad en áreas como: rescate, localización de bombas, en diferenciar restos arqueológicos, localizar metales en la industrialización alimenticia y metalúrgica, la búsqueda de tesoros o riquezas perdidas, los objetos de metal que perdemos, y hasta por los astronautas en el espacio, etcétera; aunque no es una varita mágica, sí se le parece porque localiza con gran exactitud objetos metálicos que por muy pocos métodos se encuentran.

En este sencillo libro repasamos las características básicas de los metales. Recordaremos la historia del detector de metales ya que es meritorio, y porque en lengua hispana no se divulgan esos antecedentes y otros conocimientos importantes al respecto. Mencionamos una breve idea de cómo se manejan los detectores; para que se entienda más su funcionamiento y la diferenciación de las tecnologías.

Mostramos unos detectores de moderna tecnología y un equipo que puede visualizar las señales de cualquier_detector, para poder aplicar el detector de metales en lugares donde hay más probabilidades de que metales valiosos existan, o en áreas donde el hombre vivió por más tiempo, y en sitios donde se generaron sucesos históricos de gran importancia; se verá también la forma sencilla de recuperar ese metal. Todo esto con los detectores actuales, pues la humanidad actual no puede esperar a que aparezcan los súper detectores del futuro.

José Antonio Agraz Sandoval
México 2012

PREFACE

When people hear the phrase "metal detector" what immediately comes to mind is simply a locator of "metal objects", or maybe a tool to use for a hobby. In practice it is a real scientific instrument, invented by man that has greatly helped mankind in many areas. For example, metal detectors are used for search and rescue, the location of underground utility lines, cables and pumps, archaeological remains, the identification of trace metals in foods in the agricultural industry, the search for lost treasures and personal items and even by astronauts in space. While it is not a "magic wand", it does seem like it at times, because there are very few other methods available to locate metal objects.

This book reviews for the first time in the Spanish language the characteristics of metals, the history and merits of metal detectors, how to properly use a metal detector, how it functions and the different technological uses for it.

Through the modern technology of today's metal detectors, signals emitted by them can facilitate the identification of areas where it is more likely that valuable metals exist, areas where ancient civilizations can be excavated or places where major historical events occurred. The technological advancement of today's metal detectors makes all of this possible so that is not necessary to wait until a "super metal detector" is invented in the future.

José Antonio Agraz Sandoval
Mexico 2012

Desde tiempos remotos el hombre ha fabricado monedas de diferentes metales.
Since ancient times man has made coins of different metals.

PARTE I

LOS METALES:

Los metales que están extraviados en lugares antiguos son importantes en distintos aspectos; primordialmente cuenta su importancia histórica o antigüedad, como los que el hombre utilizó en su vida diaria para la fabricación de instrumentos y herramientas: el hierro, cobre y bronce, etc. Así mismo por su valor sobresalen los metales preciosos, su uso determinaba el poder de una nación, principalmente por ser escasos y hermosos, como el oro o la plata que se utilizaron en diversas culturas antiguas en elaborar adornos y ofrendas, pero en otras civilizaciones los utilizaron para acuñar monedas o hacer lingotes; otros pueblos hacían armas del hierro y acero, también existió alguien que acumuló estos metales preciosos; pero que sin quererlo se convirtieron en valiosos tesoros. Aunque contrariamente existen en la actualidad otros metales que constituyen lo opuesto; la basura metálica, procedente de aleaciones modernas y otros metales industriales, como aluminio, plomo, mercurio, cadmio, níquel, vanadio, entre otros que sin ser alterados son inofensivos en la naturaleza; pero por la acción del hombre se revuelven, para contaminar los suelos y las aguas, porque simplemente fueron tirados indiscriminadamente por personas sin conciencia ecológica y de esa forma interfieren en la detección de metales preciosos.

ORIGEN DE LOS METALES:

Los metales nobles como el oro, plata y cobre, se utilizaron desde la prehistoria, aunque sólo se usaban si se encontraban fácilmente en estado metálico puro. Poco a poco se fue desarrollando la tecnología necesaria para obtener nuevos metales a partir de sus minerales, calentándolos en un horno mediante carbón de madera.

PART I

THE METALS:

Metals that are lost in ancient sites are important in various aspects, primarily account its historical importance or seniority, as the man used in his daily life for the manufacture of instruments and tools: iron, copper and bronze, etc. Also outstanding value for their precious metals, determined to use the power of a nation, especially the sparse and beautiful, like gold or silver were used in various ancient cultures elaborate decorations and offerings, but in other civilizations used to mint coins or ingots do, other people made weapons of iron and steel, there was also someone who accumulate these precious metals . . . but who unwittingly became valuable treasures. Although contrary exist today other metals that are the opposite; the trash metal from modern alloys and other industrial metals such as aluminum, lead, mercury, cadmium, nickel, vanadium, etc. without being altered are harmless in nature but by the actions of man are stirred to contaminate soil and water, because they simply were shot indiscriminately by people without environmental awareness and thereby interfere with the detection of precious metals.

SOURCE OF METALS:

Noble metals such as gold, silver and copper, were used since prehistoric times, but only if they were easily used in pure metallic state. Gradually it developed the technology for new metals from their ores, heating in an oven using charcoal.

El primer significativo avance se logró con el descubrimiento del bronce, eso fue posible por la utilización de un mineral de cobre con una aleación de estaño, aconteció en diferentes regiones del planeta, entre 3500 a.C. y 2000 a.C., surgiendo entonces la llamada "Edad de Bronce". Además se produjo otro descubrimiento; que fue el hierro, hacia 1400 a.C., por los hititas que fueron unos de los primeros pueblos en utilizarlo para elaborar armas, espadas, etc. Aunque en la antigüedad no se conocía como alcanzar la temperatura necesaria para fundir bien el hierro, por lo que se obtenía un metal impuro que había de ser moldeado a martillazos.

Hacia el año 1400 d.C., se empezaron a utilizar los hornos provistos de fuelle, que permiten alcanzar la temperatura de fusión del hierro.

Los metales tienen propiedades físicas, al ser buenos conductores de la electricidad, la mayoría de ellos son de color grisáceo, pero algunos presentan colores distintos; como el bismuto que es rosáceo, el cobre rojizo y el oro amarillo.

Otras propiedades importantes serían las siguientes: Maleabilidad: Es la capacidad de los metales para hacer láminas al ser sometidos a esfuerzos de compresión.

Ductilidad: Es la propiedad de los metales para moldearse en alambre o hilos al ser sometidos bruscamente.

Tenacidad: Es la resistencia que presentan los metales a romperse al recibir fuerzas bruscas.

Resistencia mecánica: Es la capacidad para resistir esfuerzo de tracción, compresión, torsión y flexión sin deformarse ni romperse.

The first significant breakthrough came with the discovery of bronze that was made possible by the use of a copper ore with an alloy of tin, occurred in different world regions between 3500 BC and 2000 BC, arising then the "Age Bronze ". In addition there was another discovery, which was the iron, around 1400 BC by the Hittites who were among the first people to use it to develop weapons, swords, etc. Although in the age was not known how to reach the temperature necessary to melt the iron well, so that an impure metal was obtained which had to be molded by hammering.

Around 1400 AD, people began to use the furnaces fitted with bellows, which allowed the metal ore to reach the melting temperature of iron.

Metals have several physical properties such as, being good conductors of electricity. Most metals are gray in color, but some have other colors, for example bismuth is pinkish, copper reddish and yellow gold.

Other important properties are as follows:

Malleability: The ability of metals to make films when subjected to compressive stresses.

Ductility: The property of metal molded into wire or threads.

Tenacity: The resistance of the metals have broken when subjected sudden forces.

Mechanical strength: Is the ability to withstand tensile stress, compression, twisting and bending without deforming or breaking.

Pequeñas pesas metálicas de Italia para balanza de precisión.
Italian metal weight for precision balance.

Balanza de precisión para pesar pequeños metales de principios del siglo XX.
Precision balance for weighing small metals early twentieth century.

METALES ÚTILES:

Estos metales no son de gran valor en sí mismos, pero han ayudado directamente al hombre en muchos trabajos productivos; como la agricultura, construcción y minería, entre muchas otras, aun actualmente por medio de ellos se logra el desarrollo de las actividades humanas.

Los metales de mayor uso son el hierro forjado y acero, también entre los más importantes se encuentran:

Acero: Es una aleación de hierro con carbono, que le da gran dureza; con este se construyen la gran mayoría de prácticos utensilios modernos: armas, máquinas y herramientas, etc.

Bronce: Aleación de cobre y estaño de color amarillo oscuro con el cual se fabrican desde campanas hasta adornos artesanales, monedas e instrumentos musicales, etc.

Estaño: Es un elemento metálico de color grisáceo, que se puede fundir y que resiste la oxidación, su uso ha sido para recubrir otros metales.

Cobre: Es un elemento metálico rojizo brillante muy maleable y dúctil, se utiliza para conducir la electricidad y el agua, hasta monedas, limpio es hermoso; pero a la intemperie toma un color negruzco.

Hierro: Es un elemento maleable y dúctil con este elaboran gran cantidad de utensilios, su característica es la resistencia, su desventaja es que se oxida rápidamente a la intemperie.

Latón: Es una aleación que tiene cobre y zinc de color amarillo, adquiere buen brillo, con este metal se elaboran muchos objetos ornamentales, instrumentos así como muebles y camas, etc.

Níquel: Con este nombre nos referimos a un elemento metálico dúctil y maleable que se utiliza en diferentes aleaciones para dar dureza a otros; con este se elaboran monedas y gran variedad de objetos.

Zinc: Es un elemento metálico blancuzco azulado muy maleable y dúctil, que se utiliza para elaborar monedas y para otras aleaciones con muchos metales.

USEFUL METALS:

These metals are not of great value in themselves, but they have helped mankind in many occupations indirectly for example, in agriculture, construction and mining, among many others. Even today they continue to assist in the development of mankind's pursuits.

The most widely used metals are wrought iron and steel. The following metals are also among the most important:

Steel: An alloy of iron and carbon, which gives it great strength. Steel is used to make the vast majority of practical modern utensils, weapons, machines and tools.

Bronze: An alloy of copper and tin with a dark yellow color is used to make many things from bells to craft ornaments, coins and musical instruments.

Tin: A gray metal element, which can be fused and resists oxidation, is used to coat other metals.

Copper: This is a bright reddish metallic element highly malleable and ductile. It is used to: conduct electricity, transport water in pipes and make coins. When it is new or just cleaned it is beautiful, but when weathered it turns a blackish color.

Iron: It is a malleable and ductile element from which a large number of tools are made. Its advantage is its resistance to wear and tear and its disadvantage is that it is rapidly oxidized when it is exposed to weather.

Brass: It is a yellow alloy of copper and zinc that is very glossy. It is used to make many ornamental objects, instruments as well as furniture and beds.

Nickel: This metal which is both ductile and malleable, is used in various alloys to give additional strength. Nickel is used to make coins and a variety of common objects.

Zinc: A bluish whitish metallic element highly malleable and ductile, which is used to make coins and other alloys with many metals.

METALES PRECIOSOS:

Los metales nobles son muy valiosos por su rareza, se encuentran puros en la naturaleza, entre los metales preciosos que mas apreciamos principalmente destacan:

Oro: Es un elemento metálico de color amarillo muy maleable y dúctil, de los más pesados que existen en la naturaleza, resiste a casi todos los elementos químicos, se ha utilizado en diversas culturas para la elaboración de monedas, lingotes, adornos, etc., también fue usado para embellecer altares, coronas y dio un fuerte valor a las monedas que estuvieron en circulación, así mismo ha representando el poder de una nación.

Plata: Es un metal blancuzco brillante, muy maleable y dúctil, resiste un poco menos a los ataques atmosféricos que el oro, es de muy alta conductividad eléctrica, con el se manufacturan desde monedas hasta gran variedad de utensilios, vajillas y collares, se le mezcló con otras joyas que han empleado muchas culturas y naciones del mundo.

Los metales que hayamos encontrado como son las reliquias antiguas de metales comunes, seguramente fueron deteriorados al estar enterrados por muchos años; pero contrariamente los metales nobles como el oro y la plata resisten mucho más al estar enterrados. También pudiera suceder que encontráramos alguna reliquia valiosa de cobre o bronce, la podemos mantener fuera de las inclemencias del tiempo para protegerla, en la imagen de abajo se muestran algunas monedas mexicanas de distintos metales, entre los metales preciosos más importantes que se usaron en las acuñaciones sobresalen el oro y la plata, estos metales constituyen los tesoros enterrados en México, Estados Unidos y el de otras naciones del mundo que han tenido monedas de alto valor en circulación.

PRECIOUS METALS:

The precious metals are very valuable for their rarity and their purity in the natural state. The most important precious metals are:

Gold: A yellow metallic element highly malleable, ductile and the heaviest precious metal in its natural state. Gold resists almost all chemical elements and has been used in various cultures for the production of coins, ingots, ornaments, etc. It was also used to embellish shrines, crowns and gave a strong value to the coins that were in circulation, it is representative of the power of a nation.

Silver: It's a bright off-white metal, very malleable and ductile, less resistant than gold to air exposure and has high electrical conductivity. It is used in the manufacturing of a variety of items from coins to utensils and cookware to jewelry. Silver has been used by many cultures and nations around the world.

The ancient relic metals that have been found are common base metals and were damaged by being buried for so many years. By contrast, the precious metals like gold and silver resist damage much better. It could happen occasionally that we might find a valuable relic of copper or bronze that has been protected from the weather as it remained buried for a long time. In the image below are shown shows some Mexican coins made of different metals. Among the precious metals, gold and silver were the most important and were used in the minting gold and silver coins used a currency. These metals constitute the buried treasures in Mexico, the United States and other nations that have had high-value coins in circulation.

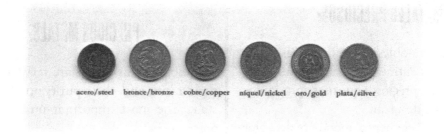

acero/steel   bronce/bronze   cobre/copper   níquel/nickel   oro/gold   plata/silver

Monedas Mexicanas. /Mexican coins.

TESORO

La riqueza monetaria a la cual nos referimos en este libro, son los tesoros, según el *Diccionario de la lengua española,* "Tesoro es la cantidad grande de dinero, valores, etc., reunida y guardada". Efectivamente fueron el conjunto monetario de oro, plata y cobre, reunidas y enterradas, pero no recuperadas, cuyo dueño ya no existe, la gran mayoría fueron enterrados por causa principal de los movimientos sociales, en México por ejemplo: cuando la conquista del imperio Azteca, los piratas, Independencia, Guerra de Reforma, Revolución Mexicana y Revolución Cristera, siendo estos movimientos armados los que obligaron a los mexicanos a enterrar monedas y de manera similar sucesos bélicos en Estados Unidos: los indios, piratas, Independencia y Guerra Civil.

O similar en países latinoamericanos que recurrieron al entierro de sus recursos monetarios, solamente "mientras" pasaban los sucesos bélicos; pero lamentablemente la mayoría de personas o grupos de ellos murieron, convirtiéndose en una riqueza sin dueño, y estos metales a través del tiempo han estado ocultos en la "Madre Tierra", se localizan en un lugar ignoto por debajo de las superficiales capas terrestres, así quedó absolutamente desconocido el lugar exacto de la ubicación. Algunas personas accidentalmente o con algún antecedente escarbaron y con suerte han logrado desenterrar un tesoro, confirmando

TREASURE

Monetary wealth to which we refer in this book is the treasure. According to the Spanish Language Dictionary, "Treasure is the large amount of money, securities, etc., collected and saved". Indeed there was throughout history much gold and silver treasure collected and buried, not recovered and belonging to someone who has died. The vast majority were buried during times of social unrest and war. In Mexican history that is during the conquest of the Aztec Empire, times of pirate activity, the War for Independence, the War of Reform, the Mexican Revolution and the Cristero Revolution. Likewise, in the United States treasures were buried during the French and Indian War, the War for Independence and the Civil War.

Other countries of the Americas and the Caribbean as well as Europe also resorted to burying their monetary resources during times of civil discord. When the unrest was over unfortunately many of the owners of these treasures had died leaving unclaimed wealth buried in "Mother Earth",

con certeza los hechos históricos del pasado. Con seguridad deben de existir en muchos países que tuvieron movimientos sociales en el mundo:

Canadá, Guatemala, Perú, Venezuela, Colombia, Brasil, Ecuador, Bolivia, Argentina, Paraguay, Cuba, en el Atlántico, Golfo de México, Caribe y Antillas.

En Europa: Italia, Francia, España, Inglaterra, Alemania, Polonia, Rusia, Israel, Egipto, entre otros.

¿Mito o realidad? Las informaciones que se recaban sobre tesoros, en la mayoría de los casos son exageradas pues forman parte de la imaginación popular, se convirtieron en relatos, leyendas, con vagas relaciones, que deforman la verdad histórica, porque si existiera realmente un tesoro y si se supiera donde está enterrado, ya hubiera sido descubierto; pero (nadie absolutamente sabe el lugar exacto de su ubicación). Por lo que en su búsqueda sin éxito, poco a poco a través de los años y sin quererlo se van añadiendo datos imprecisos, alterando y deformando la historia original, relacionada con el entierro al grado de inventar un tesoro fantástico.

Las posibilidades para localizar un tesoro realmente son muy pocas, pues se necesitan reunir los conocimientos suficientes y experiencia; sin embargo, en contadas ocasiones se han encontrado algunas riquezas accidentalmente por personas sin ningún conocimiento. Pero para la gran mayoría de personas resulta todo un reto, por lo tanto esas dificultades, han hecho que los datos para la búsqueda de un tesoro real sean convertidos en un "mito", pues algunas personas al no encontrar nada, se justifican inventando o agregando datos falsos.

Los tesoros son una realidad porque si existen científicamente, fueron enterrados en distintas etapas históricas y algunos son localizados usando el método científico, el oro que se ha encontrado tiene un gran valor económico, cultural y artístico.

thus it is assumed that there is buried treasure to be found in:

Canada, Guatemala, Peru, Venezuela, Colombia, Brazil, Ecuador, Bolivia, Argentina, Paraguay, Cuba, the Caribbean, the West Indies.

Italy, France, Spain, England, Germany, Poland, Russia, among others. The exact location of much of these treasures remains unknown. Some people accidentally or with good luck have dug up and unearthed some of this treasure, thus confirming its existence and certain historical events.

Myth or reality? The information is collected on treasures, in most cases is exaggerated because they are part of popular imagination and became stories or legends, with vague relationship to actual events. Such stories distort the historical truth because if there really was a treasure and if someone knew where it was buried; it would have been found by now. Many searches throughout the years were made without success.

The possibilities to find a treasure really are very few, because they need to gather sufficient knowledge and experience, but rarely have accidentally found some riches people without any knowledge. But for most people is a challenge, therefore these difficulties, have made the data for finding a real treasure to be converted into a "myth" because some people not finding anything, inventing or justified adding false data.

The treasures are scientifically true because if there were buried in different historical stages and some are located using the scientific method, the gold ever found has a great economic, cultural and artistic.

Gráfica No. 1. Los metales de los tesoros:
Graph No. 1. Metals of the treasures:

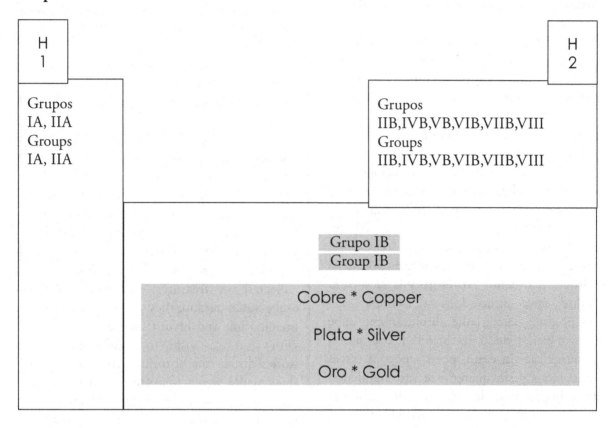

H
1

Grupos
IA, IIA
Groups
IA, IIA

H
2

Grupos
IIB, IVB, VB, VIB, VIIB, VIII
Groups
IIB, IVB, VB, VIB, VIIB, VIII

Grupo IB
Group IB

Cobre * Copper

Plata * Silver

Oro * Gold

-Tabla periódica de los elementos. / Periodic table of elements.   -Peso atómico. / atomic weight.

Ag
47

Cu
29

Au
79

-Nótese la importancia de que los metales referidos de los cuales están constituidos los tesoros (cobre, plata, oro) están agrupados por sus características en el centro de la tabla periódica, a un lado de los metales más usados en la vida del hombre.

Fuente: observación simple del autor

-Note that the importance of metals mentioned which constituted treasures (copper, silver, gold) are grouped by their characteristics in the center of the periodic table. On the sides are the metals used in daily life.

Source: author's simple observation.

Los pequeños tesoros frecuentemente están en la superficie terrestre a unos cuantos centímetros. Pero la profundidad a la que fueron enterrados los tesoros de gran tamaño es muy variable, tenía que ver con la condición y la situación que contaba la persona que así lo decidió hacer: si fue una persona o varias, el lugar y la dureza del terreno fue determinante para poner a resguardo aquel tesoro, se debieron tomar las mejores medidas y formas para ocultarlo de la vista de las personas. Los más ricos llegaron a construir pasadizos que los llevaban desde sus recamaras hasta un deposito o bóveda, aproximadamente de tres a cinco metros, o más; sin embargo hubo unas personas que sin tener tiempo y ante las circunstancias no lograron disponer de un buen sitio, por eso lo ocultaron en un simple hueco debajo de una piedra que rápidamente disimularon.

Son muy importantes los datos del entorno para poder guiarse en la búsqueda, también para saber la ubicación y profundidad, no obstante por el paso de los años, toda relación que dejaron con algunas señas expresada, ya sea en mapas o datos, ha cambiado totalmente. Por ejemplo, donde antes fue la casa del rico de aquellos años, ahora ese mismo terreno pertenece a otra persona o ha sido construido un edificio, etc., que viene a complicar las investigaciones.

Small treasures are often found in the earth's surface a few inches. But the depth of the treasures that were buried varies greatly. It depended on a number of factors related to the situation that the owners found themselves in at the time the decision was made to bury the items. Determining factors were, for example, whether there were one or more persons to help, the location of the hiding place, the harshness of the terrain and the time that was available to them. The rich began to build walkways that led from their bedroom to a tank or vault to hide their valuables. However, some people did not have much time to find a secure space and ended up hiding their valuables in a hole covered by a rock. Such hiding places were easily discovered.

These rocks were very important geographical markers to guide the search for the location and depth; however, with the passage of time many geographical markers had changed completely. Therefore the maps and data left were of little use to guide others in the search for the buried treasure. For example, in a place where there used to be a home, there now stands a tall building which belongs to someone else. This complicates the search for the buried treasures.

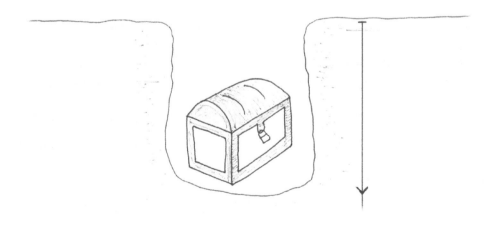

La profundidad de los tesoros se incrementa proporcional a su valor.
The depth of the riches increases proportionally its value.

Gráfica No. 2. Profundidad de los tesoros en México:
Graph No. 2. Depth of the riches in Mexico:

Rango de profundidad bajo tierra en metros / Range in meters deep undergroud	olla de barro / crock pot	cofre madera-metálico / metal-wooden chest	en túnel / in tunnel	en pozo / in well
0	*			
1		*		
2	*		*	
3		*		
4				*
5			*	
6				
7				
8				
9				
10				
11				
12				
13				
14				
15				
16				
17				
18				
19				
20 +				

Tesoro en contenedor de:	olla de barro	cofre madera-metálico	en túnel	en pozo
Treasury container:	crock pot	metal-wooden chest	in tunnel	in well

Fuente: Análisis del autor.
Source: Author's analysis.

PARTE II

LOS DETECTORES Y SU EVOLUCIÓN:

Fueron inventados por el hombre con un propósito primordial, que es detectar metales bajo tierra. La detección debe acontecer en los metales conductores y ciertos minerales, siempre y cuando estos materiales estén dentro del área de la bobina buscadora, que delata su presencia con un zumbido en la bocina, junto con una elevación en el medidor del detector, todos estos fenómenos se manifiestan debido a las ondas electromagnéticas.

La configuración básica del detector de metales es para usarse sobre la tierra. Consta de una caja con controles que es montada a lo largo de un tubo ajustable, así permite ponerse a la posición deseada, en el extremo inferior tiene dos bobinas independientes pero juntas en forma circular, que es la antena transmisora y receptora, luego un cable eléctrico conecta los embobinados de esas antenas con los circuitos electrónicos dentro de la caja de controles, esos circuitos electrónicos en su conjunto permiten a un transistor oscilador emitir ondas electromagnéticas. Muy cerca de allí se aloja el medidor que es un galvanómetro, también la bocina entre otros componentes. Todo esto funciona con la energía procedente de las baterías, que son necesarias para que circule la corriente eléctrica, logrando que todo funcione.

La corriente eléctrica que se envió por los cables hacia la bobina, generalmente se transforma en ondas electromagnéticas que se dispersan produciendo un campo electromagnético dentro del medio circundante hacia la tierra.

Ese campo electromagnético deberá penetrar una variedad de materiales, incluyendo tierras, arenas, rocas, etc.

La detección siempre ocurrirá cuando los metales y ciertos minerales interactúan con el campo electromagnético generado, dándonos una señal audio-visual inequívoca de que hemos encontrado metal.

PART II

THE DETECTORS AND THEIR EVOLUTION:

Metal detectors which detect by using an electromagnetic field were invented by man with the primary purpose of the detection of metal underground. The detection occurs when conductive metals and certain minerals are present, as long as these materials are within the area of the searcher. The detector signals with a buzzing sound, along with a rise of the pointer on the detector meter, that there is conductive material below the surface at that location.

The basic configuration of the metal detector is for use upon the earth's surface. The detector is comprised of a control box that is mounted along an adjustable tube which allows it to move to the desired position. At the end of the tube are two coils that are joined together in a circle. These are the transmitting and receiving antennas. An electrical cable connects these antennas with electronic circuits within the control box. These electronic circuits together enable an oscillator transistor to emit electromagnetic waves. Nearby is the meter which is a galvanometer, the speaker and other components. This all works with energy from batteries, which is necessary for the electric current flow.

The electric current is sent through the cable to the coil producing electromagnetic waves that cause an electromagnetic field to be scattered over the surrounding ground.

This electromagnetic field must penetrate a variety of materials, including land, sand, rocks, etc. The detection will always occur when certain minerals and metals are in contact with the electromagnetic field generated, giving a clear audio-visual signal that metal has been found.

Los detectores son fabricados en diferentes medidas y tamaños, la forma más común es la siguiente:

The detectors are manufactured in different sizes and lengths, the most common form is:

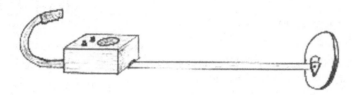

Detector de metales con bobina buscadora, tubo ajustable y caja de controles.
Metal detector with coil seeker, adjustable tube and control box.

Referente a la evolución histórica del detector, fue controvertida y muy problemática, pero a través del tiempo la detección de los materiales conductores, gradualmente fue científicamente avanzando hasta desarrollarse ampliamente; los inventores trabajaron mucho, por ello debieron pensar en ideas con prototipos muy variados, y solo de esa manera lograron desarrollar este importante invento indispensable en la búsqueda y explotación metalúrgica. Exponemos esta historia del detector de metales en su primera traducción al idioma español; gracias a la redacción original de Steve Anderson, que fue ampliada y actualizada en 1999 por Roy T. Roberts en la revista para los aficionados en la detección de metales: *Western & Eastern Treasures,* de Anaheim, California, Estados Unidos y por información de otros importantes autores.

"Los antiguos documentos chinos indican que un detector de metales fue puesto en uso más de 200 años antes del nacimiento de Cristo. Un emperador chino mandó poner un detector de metales en una puerta para protegerse a sí mismo de un posible asesinato. Su artesano construyó la puerta de un mineral magnético llamado magnetite, con la estructura posiblemente construida por algo así como un imán de herradura. A través de una combinación de calor y golpes con martillos de acero a la magnetita, fue creado el notable "a tractor".

Early on in the historical evolution of the detector, it was very controversial and problematic. But over time the detection of conductive materials by metal detectors was widely accepted by the scientific community. The inventors worked very hard producing a number of varied prototypes and finally developed this important and indispensable tool for exploration and production in the field of metallurgy. Below is the story of a metal detector in its first translation into Spanish, thanks to the original wording of Steve Anderson, later expanded and updated in 1999 by Roy T. Roberts. It appeared in the magazine for amateur metal detecting: Western & Eastern Treasures.

"Ancient Chinese documents indicate that a metal detector was in use more than 200 years before the birth of Christ. A Chinese emperor had a doorway metal detector constructed to protect himself against assassination. His craftsman built the doorway of a magnetic mineral called magnetite with the frame possibly built something like a horseshoe magnet. Through a combination of heating and striking the magnetite with hammers, an iron metal "attractor" was created.

El calor hacía que se secara bastante y causaba que las moléculas se alinearan, ellas mismas seguían en dirección del campo magnético de la Tierra. Si una persona intentaba introducir objetos de acero, como una armadura, espadas u otra arma dentro de la puerta, provocaban que estos fueran delatados por lo que ellos deseaban introducir al cruzar furtivamente la entrada". *(1)

The heat made it to dry enough and caused the molecules to line up; they themselves were in the direction of Earth's magnetic field. If someone tried to introduce steel objects, like armor, swords or other weapons inside the door, caused that these were betrayed by what they wanted to bring sneak across the entrance. "* (1)

El detector de metales más antiguo de hace 2000 años en China.
The Know "metal detector" more than 2000 years ago in China.

Los conquistadores de América usaban el método del magnetismo llamado "brújula vertical" o brújula minera para detectar vetas de metales y minerales. Sin embargo el detector moderno se ha desarrollado principalmente en los Estados Unidos de América, aunque hubo aportacioncs de otros países como China, Francia, Alemania, Inglaterra entre otros.

La teoría del electromagnetismo por primera vez fue descubierta por el estadounidense Joseph Henry, de forma independiente lo hacía Michel Faraday de Inglaterra por 1831. Pero Henry pronto experimentó exitosamente con la inducción electromagnética y la auto-inducción, que fue el fundamento básico para el telégrafo, teléfono y la radio. El mejoró sus experimentos con la inducción por el uso de espirales planas de alambre aislado, siendo la primera bobina.

The conquerors of America used the method of magnetism Called "compass vertical" or compass to detect mineral veins of metals and minerals. However the modern detector mainly was developed in the United States of America with contributions from other countries like China, France, Germany, England and others.

"The theory of electromagnetism was first demonstrated by American Joseph Henry, and independently by Michael Faraday of England in 1831. Henry soon successfully experimented with electromagnetic induction and self-induction, the basic foundation for the telegraph, telephone, and radio. He enhanced his experiments upon induction by the use of flat spirals of insulated wire-the first coil.

"La influencia ejercida por masas metálicas sobre un campo electromagnético fue objeto de numerosos experimentos por varios investigadores, como era la forma en que trataban de equilibrar los efectos de inducción en una porción de un circuito al equilibrarse y oponerse a los efectos producidos por la porción opuesta. El primer sistema del balanceo de inducción para este propósito parecía estar siendo analizada en Alemania por el profesor Dove en 1841. Por ese mismo tiempo, un aparato similar independientemente fue descubierto en América por el profesor Henry Rowland". * (2)

The influence exercised upon induction by metallic masses formed the subject of numerous experiments by various investigators, as was the principle of balancing the effects of induction on one portion of a circuit by equal and opposite effects produced upon another portion. The earliest form of induction balance for this purpose appears to have been devised in Germany by Professor Dove about 1841. About the same time, a similar apparatus was independently devised in America by Professor Henry Rowland". * (2)

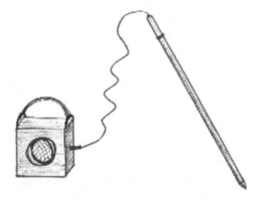

Un Buscador de Oro, alrededor de 1870.
A Gold Finder, circa 1870.

Por aquellos años: "Un físico escoses increíblemente inteligente llamado James Clerk Maxwell (1831-1879) resumió todo esto durante la década de los 1860's cuando escribió cuatro simples fórmulas matemáticas (ahora conocidas como ecuaciones de Maxwell's). Una de ellas dice: cada vez que hay un cambio de campo eléctrico, se obtiene una alteración del campo magnético. La otra dice: que cuando hay un cambio de campo magnético, se obtiene una alteración en el campo eléctrico. Lo que Maxwell estaba diciendo en realidad era que la electricidad y magnetismo son dos partes de una misma cosa: el electromagnetismo. Sabiendo eso podemos entender exactamente cómo funcionan los detectores de metal". * (3)

For that years: "A fantastically clever Scottish physicist named James Clerk Maxwell (1831-1879) summed all this up in the 1860s when he wrote out four deceptively simple mathematical formulae (now known as Maxwell's equations). One of them says that whenever there's a changing electric field, you get a changing magnetic field as well. Another says that when there's a changing magnetic field, you get a changing electric field. What Maxwell was really saying was that electricity and magnetism are two parts of the same thing: electromagnetism. Knowing that we can understand exactly how metal detectors work". * (3)

"En 1876, el profesor Alexander Graham Bell atendió directamente el balanceo de inducción porque se producían unos inquietantes ruidos en el teléfono por la operación con instrumentos telegráficos sobre las líneas que corrían cerca del teléfono. La dificultad tuvo remedio mediante el uso dos conductores en lugar de uno, de modo que la corriente inducida en un conductor fuera exactamente igual y opuesta para aquella que era inducida en el otro conductor; por lo que un balanceo de inducción fue producido, y el reservado circuito fue asegurado por ser estable.

Este método fue patentado en Inglaterra por Bell en 1877, y durante el invierno de 1877-78 fue contratado en Londres pues hacia experimentos relacionados en el tema. Él descubrió que cuando una pieza de metal era llevada dentro del campo de inducción, causaba en el teléfono (receptor) un sonido. Del mismo modo cuando una moneda de plata se pasaba por la mitad en línea recta o un florín entre las caras de las dos bobinas en paralelo, el silencio del teléfono llegó a ser interrumpido, pues sonó en tres ocasiones.

"In 1876, Professor Alexander Graham Bell's attention was directed to the balancing of induction by the disturbing noises produced in the telephone by the operation of telegraphic instruments on lines running near the telephone conductor. The difficulty was remedied by using two conductors instead of one, so that the currents induced in one conductor was exactly equal and opposite to those induced in the other; thus an induction balance was produced, and a quiet circuit was secured.

This method was patented in England by Bell in 1877, and during the winter of 1877-78 he was engaged in London with experiments relating to the subject. He found that when a position of silence was established, a piece of metal brought within the field of induction caused the telephone (receiver) to sound. When a silver coin the size of a half crown or florin was passed across the face of the two paralleled coils, the silence of the telephone was broken three times.

Dibujo del detector de metales por Alexander Graham Bell's, 1876.
The drawing for Alexander Graham Bell's metal detector, 1876.

En 1878, un inglés conocido de Bell, el profesor de música Daniel Hughes, experimentó con el balanceo de inducción, demostrando en julio de 1879 el más prometedor avance para el balanceo de inducción, usando cuatro bobinas, con la ayuda de su nuevo patentado micrófono y el tic-tac de un reloj, para crear una perturbación eléctrica en un circuito que tenía dos bobinas primarias con sus dos correspondientes bobinas conectadas al receptor de un audífono del teléfono, Cuando una pieza de metal era llevada cerca del par de bobinas, el balance era desequilibrado, y el tic-tac del reloj era audible en el receptor del teléfono.

Cuando Bell regresó a América en agosto de 1879, publicó el artículo *"Upon New Methods of Exploring the Field of Induction of Flat Spirals"*, por la petición de Gardiner Hubbard, quien lo vio como un posible sistema para detectar valiosos depósitos de metales en la tierra.

El 2 de julio en 1881, el presidente de Estados Unidos James A. Garfiel recibió un disparo en la espalda por un asesino, la situación del presidente se dificultaba en las horas y días que le precedieron, el mundo entero esperaba con temor, pero con la esperanza de un dispositivo que verdaderamente pudiera predecir que tan larga era la posición de la bala, que permanecía desconocida en el cuerpo del presidente. Bell, quien en ese tiempo estaba en Washington, D.C., ofreció su ayuda en la materia, y él hizo rápidamente algunos experimentos preliminares.

An English acquaintance of Bell, music professor Daniel Hughes, experimented with induction balance in 1878 and demonstrated in July 1879 a most promising arrangement for induction balance, using four coils, with the help of this newly patented electric microphone and the ticking of a clock, to create an electrical disturbance in a circuit containing two primary coils and two corresponding coils connected to a telephone earpiece. When a piece of metal was brought near one pair of the coils, the balance was disturbed, and the ticking of the clock was audible in the telephone.

When Bell returned to America, he published *"Upon New Methods of Exploring the Field of Induction of Flat Spirals"* in August 1879, at the request of Gardiner Hubbard, who saw it as a possible way to detect valuable metallic deposits in the earth.

On July 2, 1881 President Garfield was shot in the back by an assassin. In the hours and days that followed, the whole world waited in hope and fear, as no one could venture to predict the end so long as the position of the bullet remained unknown. Bell, who was in Washington, D.C. at that time, offered his assistance in the matter. He quickly made some preliminary experiments.

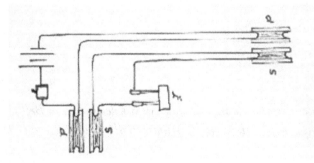

Balance de Inducción, alrededor de 1879. / Induction Balance, circa 1879.

El 11 de julio en 1881, George Hopkins de la revista *Scientific American,* publicó sus resultados experimentales usando métodos mejorados de la balanza de inducción lograda por Hughes, en el *Tribune* de New York. Bell, asistido por Sumner Tainter, quienes contaron a Hopkins, luego con Hughes, Rowland y John Trowbridge de Harvard, montaron un equipo para ayudarse a construir un artefacto para detectar la bala. Ellos experimentaron con diferentes tamaños de balanzas, longitudes, diámetros de bobinas luego con baterías y finalmente agregaron un condensador al circuito, hasta que lograron descubrir una bala de plomo que estaba dentro de un puño apretado aproximadamente a 2" pulgadas.

El 26 de julio, Bell llevó su aparato a la Casa Blanca. Después de ponerlo a tiempo, el escuchó un sonido, como un chisporroteo y descubrió que el rango parecía debilitarse. El artefacto falló para detectar la bala, más tarde encontró que el condensador solo se lo había conectado a una de las bobinas primarias. Luego de solucionar el problema Bell regresó en agosto y escuchó un débil sonido sobre una considerable área del cuerpo de Garfield. Al siguiente día, él se dio cuenta que el colchón del presidente estaba soportado por resortes de acero que hicieron una interferencia en la detección y nadie se había dado cuenta de lo ocurrido.

Más tarde el 19 de septiembre el presidente murió. La autopsia reveló que la bala estaba muy profunda para poder detectarse con el aparato de Bell.

On July 11, 1881, George Hopkins of *Scientific American* magazine published his results using improved methods of Hughes induction balance in the New York *Tribune.* Bell, assisted by Summer Tainter, contacted Hopkins and, together with Hughes, Rowland, and John Trowbridge of Harvard, set up a network to help build a device to detect the bullet. They experimented with different sizes of balances, lengths and diameters of coils, and batteries, and finally added a condenser to the circuit, until a similar lead bullet was detected about 2" in a clenched hand.

On July 26 Bell brought his apparatus to the White House. After setting up, he heard a sputtering sound and discovered that the range seemed impaired. The device failed to detect the bullet. It was later found out that the condenser had been connected to only one of the two primary coils. Bell returned on August and heard a feeble sound over a considerable area of Garfield's body. The next day he found out that the president's mattress was supported by steel springs.

The president later died on September 19. The autopsy showed that the bullet was too deep to detect with Bell's apparatus.

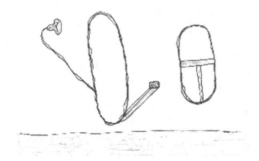

Esbozo de Bell sobre su bobina para vetas metálicas y alambres telegráficos bajo tierra, 19 diciembre de 1882.
Bell's sketch of his coil for metallic veins and underground telegraph wires, December 19th, 1882.

El 24 de octubre en 1881, Bell estaba en Paris, donde satisfactoriamente demostró el balanceo de inducción y publicó: *"A Successful Form of Induction Balance for the Painless Detection of Metallic Masses in the Human Body"*. Su aparato podía detectar una bala a 2 ½", 5' pies, cuando estuviera en plano, y 1' pie, al estar de canto. En conclusión, él afirmaba que no se podía determinar la profundidad a la que se encontraba un objeto hasta que no se determinara la forma y el ángulo en que se proyecta. Bell's puso atención en otro trabajo hasta que en diciembre de 1882, cuando experimentaba con una bobina para la detección de vetas metálicas en la tierra descubrió alambres telegráficos enterrados.

En febrero de 1887, el Dr. John Girdner de Nueva York, quien escuchó a Bell en un discurso cinco años antes, publicó los resultados de sus experimentos para localizar masas metálicas en el cuerpo humano. Su aparato consistía en una batería de Bicromato con seis celdas, un ordinario interruptor electrónico con unas interrupciones que se creaban en 600 ocasiones por segundo.

Las bobinas que exploraban, fueron puestas en un marco de madera que él llamó "el explorador," y las otras bobinas fueron llamadas las "bobinas ajustables." Con este sistema una bala debería ser detectada a 6" pulgadas en el cuerpo humano, pero a menos profundidad debajo de la tierra.

On October 24, 1881, Bell was in Paris, where he successfully demonstrated induction balance and published *"A Successful Form of Induction Balance for the Painless Detection of Metallic Masses in the Human Body"*. His apparatus could detect a bullet at 2-1/2", 5" when flattened, and 1" flattened on edge. In conclusion, he stated that the depth at which an object lies beneath the surface cannot be determined unless the shape and angle of projection are known. Bell's attention was drawn to other work until December 1882, when he experimented with a coil for the detection of metallic veins in the earth of the discovery of underground telegraph wires.

In February 1887, Dr. John Girdner of New York, who had heard Bell's speech five years earlier, published the results of his experimentation with locating metallic masses in the human body. His apparatus consisted of a bichromic battery with six cells, an ordinary interrupter with interruptions being about 600/second.

The exploring coils were put in a wooden frame which he called the "the explorer," and the other coils were called the "adjusting coils." A bullet could be detected at 6" in the human body, but less in the ground.

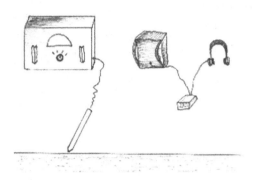

El Laurentic, por London Electric ore finding, Co. 1902.
The Laurentic, London Electric ore finding, Co. 1902.

Al terminar el siglo, el capitán McEvoy, quien experimentaba con el aparato de Hughes, redujo el detector de metal a conciencia en forma práctica, dispuso su detector eléctrico submarino, a un portátil, contenedor sellado con cera, que contenía ajustables bobinas, un interruptor, una batería con dos celdas voltaicas, que luego podía ser remplazada por una pequeña máquina magneto-eléctrica que producía corrientes alternas, y junto a eso un audífono telefónico; un cable aislado que llevaba alambres para conectarse al par de bobinas, para limitar interferencia con partes metálicas fueron usadas arandelas de hule, tornillos de marfil y perillas de ebonita.

Cuando la bobina buscadora se sumergía bajo el agua y se movía debajo en el fondo, en el instante que pasaba por encima, una pieza de metal como el casco de un torpedo, una cadena o un cable submarino se distorsionaba el balance, y el sonido en el auricular telefónico, que hasta entonces era muy débil, pero de repente venia el inconfundible alto y claro sonido. El único inconveniente era que si un cuerpo de metal rápidamente se extendía en el lugar de la bobina, este no le afectaba y no era detectado.

Durante este tiempo George Hopkins, que había continuado sus estudios sobre la detección de metal, inventó un localizador eléctrico de minerales que usaba una bobina de inducción, no balanceo de la inducción, y una configuración de bobinas perpendiculares.

At the turn of the century, Captain McEvoy, who experimented with Hughes' apparatus, reduced the metal detector to a thoroughly practical form with his electric submarine detector. A portable, wax-sealed case contained the adjusting coils, the interrupter, a two-cell voltaic battery which could be replaced by a small magneto-electric machine producing alternating currents, and a telephone earpiece. An insulated cable carrying the wires connected up the pairs of coils. Rubber washers, ivory screws, and ebonite knobs were used to limit interference with metal parts.

When the search head was lowered into the water by the cable and moved about, or dragged over the bottom, the instant it came against a piece of metal such as a torpedo case, a chain, or a submarine cable, it disturbed the balance; and the sound in the telephone receiver, very faint until then, became unmistakably loud and clear. Its only drawback was that a body of metal lying the place of the coil would not affect it.

During this time, George Hopkins, who had continued his studies with metal detection, invented an electrical ore finder using an induction coil, not induction balance, and his setup of perpendicular coils.

El notó que entre más grande la bobina, más cantidad de corriente, y mucho mayor sería la profundidad de la penetración. Una ordinaria bobina de 6" a 8" pulgadas debería detectar minerales esparcidos cerca de la superficie a pocas pulgadas.

He noted that the larger the coil, the larger the current, and the greater the depth of penetration. An ordinary 6" or 8" coil could detect minerals lying near the surface at a few inches.

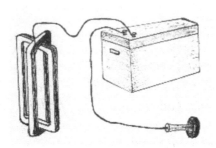

Geige Hopkins localizador de oro eléctrico. / Geige Hopkins electrical ore finder, circa 1904.

Durante la primera Guerra Mundial se dio atención a la detección de bombas, pero no se registró un instrumento que se usara sobre el terreno para este fin. En 1915, M.C. Gutton de Francia experimentó con un aparato; pero no fue capaz de obtener una buena estabilidad. Su aparato consistía de dos transformadores con bobinas de 5' pies conectadas de acuerdo al circuito puente de Maxwell "Maxwell-bridge". En 1922, el U.S. Bureau of Standards publicó *"Induction Balance for Detecting Metallic Bodies"* después de experimentar con el aparato de Gutton's y un circuito de Anderson-Bridge.

A principios de 1924, Daniel Chilson de Los Ángeles, inventó y patentó su detector electromagnético conocido como "radio" detector. Su aparato usaba el nuevo circuito de frecuencia rítmica, el cual se convertiría en el conocido puente de Chilson, "Chilson-Bridge". En 1927 la primera búsqueda exitosa de un tesoro fue con el instrumento "radio violeta" o "radio", que detectó la presencia del tesoro reportado por James Young del *New York Times*. La búsqueda fue emprendida por un ingeniero americano y dos aventureros ingleses que obtuvieron licencia de cuatro años en el Istmo de Panamá. Los encuentros incluían cadenas de oro, joyas y acumulaciones en oro de los piratas.

During WWI some attention was given to bomb detection, but no record of an instrument employed for actual field use was found during research for this article. In 1915, M.C. Gutton of France experimented with such a device but was not able to obtain perfect silence. His apparatus consisted of two transformers in the form of 5' coils connected with a Maxwell-bridge circuit. In 1922, the U.S. Bureau of Standards published *"Induction Balance for Detecting Metallic Bodies"* after experimenting with Gutton's apparatus and an Anderson-bridge circuit.

Early in 1924, Daniel Chilson of Los Angeles invented and patented his electromagnetic detector; know as a "radio" detector. His apparatus used a new beat-frequency circuit which became known as the Chilson-bridge. The first successful hunt for buried treasure with a "violet ray" or "radio" device that indicated the presence of treasure was reported by James Young of the New *Times* in 1927. The hunt was engineered by an American and two English adventurers with a four-year government license on the Isthmus of Panama. Finds included gold chains, jewels, and plate from pirate hoards.

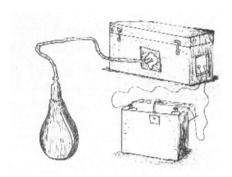

El detector submarino del Captain Mc. Evoys's, alrededor de 1905.
Captain Mc. Evoy's underwater metal detector, circa 1905.

El Sr. Young fue sobre un reporte del casco de un barco con un tesoro del que solamente estuvo hundido por uno o dos años, empezando a estar preparado para cualquier descubrimiento. Él se anticipaba y organizaba búsquedas para tesoros de gran escala. El radio aparato, según le decía, había hecho descubrimientos en donde el hombre lo vio en vano por dos centurias o más, y él predecía futuros sucesos en la aplicación de su nuevo radio descubridor de tesoros que indiscutiblemente debería brindar una intensiva búsqueda hacia las indias del oeste en la Florida y costas de México.

En 1927, el primer libro de detección para metales fue el R.J. Santchis's, *"Modern Divining Rods: Construction and Operation of Electrical Treasure Finders"*. Este se hizo muy popular y salieron nuevas ediciones en 1928, 1931 y 1939.

"En 1929, Gerhard Fisher de Hollywood, California, patentó el "Metallascope". Era un especialista en ingeniería que investigaba para Radiore Corporation (conocida por su exitosa prospección geofísica para compañías mineras). Este Metallascope pesaba 22 lbs. Y estaba equipado con baterías secas, bulbos al vacío y audífonos. Este no requería preparación especial o habilidad para operarse. El operador lo sostenía entre el transmisor vertical y el receptor horizontal, el cual estaba sujeto por soportes de madera. Un voltímetro registraba la intensidad del disturbio causado por el metal.

Mr. Young went on to report that it had only been a year or two since sunken treasure hulks began to be penetrated with any success. He anticipated an organized search for lost treasure on a large scale. The radio apparatus, he said, had achieved success where men had sought in vain for two centuries or more, and he predicted that further success in applying the new radio treasure-finder would undoubtedly bring about an intensive search of the West Indies, the Florida Keys, and the coast of Mexico.

Apparently, the first metal detecting book was R.J. Santschi's *Modern Divining Rods: Construction and Operation of Electrical Treasure Finders,* printed in 1927. It proved so popular that later editions appeared in 1928, 1931, and 1939.

"In 1929, Gerhard Fisher of Hollywood, California, a consulting research engineer for Radiore Corporation (known for its successful geophysical prospecting for mining companies), patented the "Metallascope." It weighed 22 lbs. And was equipped with dry batteries, vacuum tubes, and headphones. It required no special training or skill to operate. The operator stood between the vertical transmitter and a horizontal receiver which were fastened together by wooden handles. A tube voltmeter registered the strength of the disturbance caused by the metal.

La profundidad de un objeto no se podía estimar, por no tener el transmisor un ángulo en el cual su máxima lectura fuera alcanzada en diferentes puntos, y para los trazos sobre el papel se usaba la trigonometría, por lo tanto una verdadera estimación para obtener el resultado debería ser calculada.

The depth of an object could not be estimated, but by noting the angle of the transmitter at which maximum readings were reached at different points, and plotting them on paper using trigonometry, a reasonable estimate could be calculated.

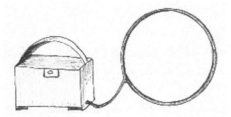

Dispositivo para localizar metales enterrados, 1920. / Device locate buried metal, 1920.

La unidad se vendía por $200 dólares, llegó a ser extensamente usada por compañías de servicios públicos para localizar exactamente y rápidamente líneas de tubo viejas, cables, cubiertas metálicas, vías de acero y otras estructuras perdidas, también como la prospección para vetas de mineral cercanas a la superficie. Mr. Fisher fue tan lejos como para preparar los planos con instrucciones y hacerlas disponibles a los aficionados para que usaran partes estándar de radio. El "M-Scope," como éste llegó a conocerse, dentro de poco se convirtió en el localizador de tesoros "treasure finder" por personas que creyeron conocer la localización aproximada de una riqueza perdida.

Un simple set del M-Scope se vendía por $ 95 dólares, ofrecía mediana sensibilidad con ajustable rango de profundidad, usaba un voltímetro. Un tercer circuito de Fisher fue más tarde desarrollado; pero nunca fue puesto al mercado de forma comercial, este solamente usaba tres bulbos y doble antena loop de recepción en lugar de separadas antenas loops para el transmisor y el receptor.

Mr. Fisher además observó que para localizar grandes objetos que si estaban ocultos por más tiempo, si eran más sensibles y (susceptibles para detectar).

The unit, selling for $200, became widely used by public utility companies to locate quickly and accurately old pipe lines, cables, casings, steel rails, and other buried structures, as well as prospecting for near-surface ore veins. Mr. Fisher went so far as to prepare blueprints and instructions and make them available to amateurs using standard radio parts. The "M-Scope," as it became known, soon became used as a "treasure finder" by persons who believed that they knew the approximate location of buried wealth.

A simpler set selling for $95, the MT Scope, offered medium sensitivity and adjustable depth range, using a filament voltmeter. A third Fisher circuit was later developed but never placed on the market commercially.

It used only three tubes and one double loop instead of separate loops for the transmitter and receiver. Mr. Fisher is also noted for establishing that the longer an object is buried, the more sensitive (susceptible to detection) it is.

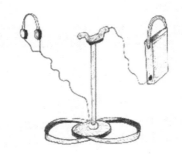

Localizador Amateur de tesoros, septiembre, 1930. /Amateur treasure finder, september 1930.

Poco después, casi al mismo tiempo el Fisher M-Scope se incorporó en el mercado, y planes fueron publicados para construir un "radio prospector" casero, el cual debería encontrar un dólar de plata a varias pulgadas bajo tierra, la indicación era por un ruido buzzing en los audífonos, y rines de madera con medidas de 28" pulgadas deberían ser usados para las bobinas.

En 1930, Theodore Theodorsen, un físico de la National Advisory Committee for Aeronautics reportaba aquel nuevo *"Instrument for Detecting Metallic Bodies Buried in the Earth"* informó que había desarrollado en el Langley Laboratory un detector para un propósito inmediato en localizar bombas que aún no habían sido explotadas y que se soltaron de aeroplanos durante prácticas de tiro a blancos, en un sitio del nuevo canal de Towing Channel at Langley Field, Virginia, que entonces estaba en construcción. El nuevo "detector" localizó satisfactoriamente un buen número de bombas enterradas cercanas al sitio, incluyendo un cañón de 17 libras a 2' pies de profundidad.

Shortly after the same time the Fisher M-Scope hit the market, plans were published to build a homemade "radio prospector" which could find a silver dollar several inches underground, as indicated by a buzzing noise in the headphones. Twenty-eight inch wooden bicycle rims were used for the coils.

In 1930, Theodore Theodorsen, a physicist for the National Advisory Committee for Aeronautics, reported that a new *"Instrument for Detecting Metallic Bodies Buried in the Earth"* had been developed at Langley Laboratory for the immediate purpose of locating unexploded bombs known to have been dropped from airplanes during target practice near the site of the new Seaplane Towing Channel at Langley Field, Virginia, then under construction. The new "detector" successfully located a number of bombs buried on or near the site, including a 17 pounder 2' deep.

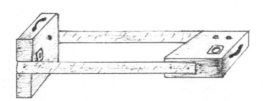

El M. Scope el cual localiza metales bajo tierra, 1937.
The M. Scope which locates metal underground, 1937.

El detector, de bombas fue conocido como el N.A.C.A. Era un simple diseño y no requería operación especial para su manejo, el diseño fue basado en el trabajo de M.C. Gutton de Francia. Que consistía en poner tres bobinas en unos marcos de madera de 3' pies de diámetro y 1-1/2" pulgadas de alto. Las bobinas fueron suspendidas desde una apropiada escalera de mano, también tenía un marco que requería ser manejado por dos hombres, y de necesitar un poderoso proveedor energía desde una camioneta, para suministrarle a la unidad los 110 volts que requería, pues era necesario para el funcionamiento en el campo.

En 1935, un detector de metal fue diseñado para el propósito de localizar cajas perdidas cerradas y aisladas detrás de las paredes en el campus de la más importante Universidad Estatal Americana, American State University.

El radio aparato explorador pronto fue promovido como un sensitivo instrumento para la búsqueda de tesoros, y los planos fueron publicados por un aficionado para varias revistas particulares. Como la mayoría de los detectores durante esta era, tenían que ser usados dentro de una razonable distancia del blanco que pretendían descubrir y no podía distinguir la diferencia entre metales. Aunque algunos detectores pudieron compensar la interferencia de la tierra y del cuerpo, otros reaccionaban en tierra húmeda o en húmedas raíces de pasto. Aún el mejor equipo era inútil en una playa del océano por contener mucha arena magnética.

The detector, known as the N.A.C.A. Bomb Detector, was of simple design and required no skilled operators. The design was based on the work of M.C. Gutton of France. Three coils were wound on a hollow wooden frame 3' in diameter and 1-1/2' high. The coils were suspended from a ladder-like frame and required two men. A large power-supply truck was necessary for field operation of the 110-volt unit.

In 1935 a metal detector was designed for the purpose of locating buried shut-off boxes behind walls on the campus of a leading American state university.

The radio exploring device was soon promoted as a sensitive instrument for treasure hunting, and plans were published for the amateur in popular magazines. Like most detectors during this era, it had to be brought within a reasonable distance of the target in order to operate and was unable to distinguish between different metals. Although some detectors could compensate for body and ground interference, others reacted to streaks of wet soil or moist grass roots. Even the best of equipment was useless on an ocean beach that contained much magnetic black sand.

Detector de minas hecho en América, alrededor de 1943. / American made mine detector, circa 1943.

Durante esta época un "Invisible Gun Detector" fue desarrollado en prisiones para detectar metal magnético y dar seguridad. Este indicaba la presencia de un metal por el desvío de un haz de luz del rayo catódico, el (pulso) que resultaba, producía remarcada sensibilidad pues requería delicados ajustes.

Por 1938, se desarrolló un sintonizado circuito inductor para detectar pequeños trocitos metálicos en puros y cigarrillos durante su manufactura. Este circuito permitía gran sensibilidad y buena estabilidad bajo todas las condiciones de temperatura, humedad, polvo y vibración. Este además tenía características de ajustes simples y tamaño reducido por eso fue más estable que las unidades de batido-frecuencia.

En 1939, Harry Fore publicó su proyecto para construir un económico buscador de tesoros usando el circuito "Chilson-bridge" de batido-frecuencia, pero que reportaba interferencias de fuerzas externas y se ajustaba a cero de "golpe" u operación silenciosa. Este usaba una sola antena y sus detecciones eran por un zumbido en audífonos que eran de 4.000 ohms. Contaba con un buen ajuste, así que este detector debería de localizar una cuadrada hoja metálica de 3" pulgadas a 12" pulgadas y una moneda dime a varias pulgadas.

During this era an "Invisible gun Detector" was developed in prisons for magnetic metal. It indicated the presence of metal by the deflection of a cathode-ray tube beam (pulse) producing remarkable sensitivity but required delicate adjustments.

By 1938 a tuned inductance bridge circuit was developed for detecting metallic bits in cigars during manufacturing. This circuit allowed for high sensitivity and good stability under all conditions of temperature, humidity, dust, and vibration. It also featured simple adjustments and compactness, and was more stable than beat-frequency units.

In 1939, Harry Fore published his plans for an inexpensive treasure finder using the Chilson-bridge circuit of beat-frequency, reportedly without interference from outside forces and adjustable to zero beat or silent operation. It used a single loop and detects by a "clucking" sound in the 4,000 ohm headphones. With good adjusting, it could locate a 3" square of sheet metal at 12", and a dime at a few inches.

Detector de "bombas", 1945.
Metal detector "boom", 1945.

En diciembre de 1939, Dr. Lincoln de la Universidad Estatal de Ohio "Paz Ohio State University", presentó un proyecto a la Astronomy Society para un detector de meteoritos. Tres detectores fueron designados y construidos, usando las investigaciones hechas por Theodorsen's de su detector de bombas. El primero fue un instrumento grande de tres-bobinas energizado por un generador de 110 volts que se accionaba por una maquina portátil de gas y era lo suficiente pequeña para ser montada en el compartimiento de equipaje en un coche. El segundo diseño fue también de tres bobinas, el sistema funcionaba por osciladores de bulbos al vacío y era lo suficiente pequeño para ser llevado en una mochila. Al sistema se le podían poner bobinas buscadoras de todos los tamaños, que se le conectaban a la unidad tan fácil como cambiar un foco. El diseño final demostró ser más exitoso. Este consistía de una bobina captadora y una bobina de poder, y ofrecía la mitad de ahorro del drenado de una batería que tenia cualquier instrumento comercial antes probado. Pesaba menos de 15 libras, permitiendo usarse en cualquier parte por un hombre que caminara o escalara.

Con la Segunda Guerra Mundial se propició una demanda para que se hicieran inmediatamente detectores de minas para localizarlas. El trabajo fue llevado en sus comienzos por Britain Ministry of Suply. Pronto ellos fueron trabajando en nueve diferentes detectores experimentales. El problema fue para llevar el mecanismo a un instrumento que pudiera resistir las duras condiciones de funcionamiento, y que no fuera más pesado a la carga razonable del equipo de un soldado en batalla. También, tenía que ser seguro en su operación, luego que el equipo requiriera un mínimo de operaciones para funcionar, y estar compuesto por partes intercambiables para rápidos remplazos. Finalmente fue usado un simple oscilador de bulbos, desarrollado por William Osborne en 1928.

In December 1939, Dr. Lincoln La Paz of Ohio State University presented a paper to the Astronomy Society on meteorite detectors. Three instruments were designed and built, using research from Theodorsen's bomb detector. The first was a large three-coil instrument energized by a portable gas engine-driven 110-volt generator, and was small enough to be mounted in the luggage compartment of a car. The second design was also a three-coil system energized by vacuum-tube oscillators and small enough to be carried in a knapsack. Searchcoils of all sizes could be plugged into the unit as easily as changing a light bulb. The final design proved the most successful. It consisted of a pickup coil and a power coil, and offered less than half the battery drain of any commercial instrument tested. Weighing less than 15 lbs., it could be used anywhere a man could walk of climb.

With WWII well underway, there came an immediate demand for mine detectors. The work was carried out by the research branch of Britain's Ministry of Supply. Soon they were working on nine different experimental detectors. The problem was to devise an instrument that could withstand the roughest conditions of active service, yet not weigh more than a reasonable additional load for a soldier in battle equipment. In addition, it had to be foolproof in operation, require only a minimum operating team, and be composed of simple interchangeable parts or quick replacement. A single-tube oscillator, developed by William Osborne in 1928, was finally used.

Detector de metales Oscilador de Frecuencia de Batido, 1963.
Metal detector Beat Frequency Oscillator, 1963.

A principios de octubre del año 1941, el equipo de investigación estaba cerca de la etapa final cuando ellos recibieron detalles de un nuevo modelo producido independientemente por dos tenientes de las Fuerzas Policíacas. Este no incorporaba nuevos principios de aprovechamiento, pero el equipo indicaba ventajas en manufactura y operación. Esto obviamente sucedió una vez que el diseño fue perfeccionado resultando ser muy bueno, así el modelo de prueba fue basado en este diseño. La producción inició en diciembre de 1941.

El detector consistía en un plato plano, conocido como sonda exploradora, y media 8" X 15" pulgadas. Un largo y movible soporte fue puesto en el centro de la bobina, además con una caja de controles que tenía dos perillas. El resto del equipo fue contenido en una mochila para ponerse en la espalda del operador. Los pedidos iníciales del detector fueron ofrecidos para diferentes empresas del mercado comercial de Gran Bretaña. Este "modernizado" detector llegó a ser el diseño estándar que todavía se usa hoy en día.

At the beginning of October 1941, the research team were nearing the final stages when they received particulars of a new model produced independently by two lieutenants in the Polish forces. It embodied no new principles or approach, but its layout suggested advantages in manufacturing and operation. It was obvious at once that the Polish design was very good, so test models were based on this design. Production started in December 1941.

The detector consisted of a flat plate, known as the search probe, and measured 8" x 15". A moveable shaft was fixed into the center of the coil, and there were two control knobs on the handle of the shaft. The remainder of the equipment was contained in a haversack on the operator's back. Initial orders for the detectors were placed with various firms in Britain's radio manufacturing trade. This "modernized" detector became the standard design still in use today.

Detector de metales Daytona, 1970. / Metal detector Daytona, 1970.

En 1942 un considerable trabajo experimental tuvo ventaja en la introducción de un detector de frecuencia-modulada. Conocido como el Localizador F.M., este demostró ser más estable y su principal característica de tener ajuste de balance para la tierra.

En 1943, William Blankmeyer hizo mejoras en el localizador de metales batido de frecuencia. Ese año, el "puente" Wheatstone-bridge fue desarrollado para medir la resistencia del suelo y localizar unas minas. La unidad, que debería usarse como una carpeta de alfombra que "barría" a lo largo de la tierra, pues consistía de 250 componentes, con 29 intrincados subconjuntos.

Inmediatamente después de la Segunda Guerra Mundial, con el excedente que ésta dejó, aparecieron más almacenes en toda Norteamérica y Europa; así cientos de detectores de minas fueron ofrecidos al público entre $5 y $50 dólares, no hace falta decir que esto creó una nueva generación de experimentados buscadores de tesoros.

In 1942 considerable experimental work led to the introduction of a frequency-modulation detector. Known as the F.M. Locator, it proved to be very stable and featured adjustable ground balance.

In 1943 William Blankmeyer made improvements on the beat-frequency metal locator circuit. The same year, the Wheatstone-bridge was developed for measuring resistance in a mine detector. The unit, which was pushed along the ground like a carpet sweeper, was composed of 250 components involving 29 subassemblies.

Immediately after the war, as war-surplus stores sprang up throughout North America and Europe, thousands of mine detectors were released to the public for $5 to $50. Needless to say, this created a new breed of experimenters and treasure hunters.

Detector de metales "Discriminador", 1983. / Metal detector "Discriminator", 1983.

En 1946, Harry Fore publicó planes para construir el detector de metal electrónico-acoplado, de "batido a cero" basado en las investigaciones de la Armada Británica. Su diseño fue destinado para experimentos avanzados, y mientras no se le viera como un localizador comercial mantenía todos los excelentes puntos del original detector de Chilson, quien le agregó muchos refinamientos. Este debería detectar una pieza metálica cuadrada de 1 pulgada a 12" pulgadas.

In 1946, Harry Fore published plans to build an electro-coupled, zero-beat metal detector based on research from the British Army. His design was intended for the advanced experimenter and, while not as "sharp" as commercial locators, retained all the excellent points of the original Chilson type detector and added many refinements. It could detect a 1′ square piece of sheet metal at 12".

La detección podía indicarse con un incremento o disminución del sonido emitido.

Las investigaciones durante la guerra prosiguieron, la búsqueda con detectores de minas fue fomentada por aquellos que se interesaban en localizar tesoros perdidos. Esas nuevas unidades, modernas y más sensibles, crecieron en popularidad, por lo cual muchas pequeñas compañías empezaron a manufacturar y vender detectores y equipo para búsqueda de tesoros. Los tres tipos principales de detectores venían con el circuito de puente, la frecuencia de batido y balance de radio". *(4)

En los años posteriores se mejoró la tecnología llamada BFO, frecuencia de batido (Beat Frequency Oscillator) y muchos intrépidos fabricantes se arriesgarían a producir unidades bajo esta tecnología. Pero el transistor se perfeccionaría y los osciladores de los detectores poco a poco se fueron modernizando.

Detection could be indicated by either an increase or decrease of the "clucking" sound rate.

Wartime research on mine detectors had been a boon to those interested in locating hidden treasure. As these new units with more sensitivity and modernized form grew in popularity, many small companies began manufacturing and selling detecting and treasure hunting equipment. The three main type of detectors became the bridge circuit, the beat frequency, and radio balance". *(4)

In the years since started a technology called BFO (Beat Frequency Oscillator) intrepid many manufacturers would risk producing units under this technology. But the transistor would be refined and sensors oscillators gradually become modernized.

Detector de metales modelo "TM808", 1999. / Metal Detector model "TM808", 1999.

Otros fabricantes trataron de hacer mejoras en los detectores de metales, pero en la década de 1960, Charles Garrett de Texas, Estados Unidos, descubrió que había un método para medir la distorsión causada por los campos magnéticos generados por una descarga eléctrica de un conductor (material conductor) y descubrir que los objetos tenían una resistencia muy baja en la tierra, como un cuerpo mineral. Ese método no requería ningún contacto eléctrico con el mineral o el suelo, evitando los problemas causados por la humedad y otros factores similares, sólo estaba limitado por la corta distancia en la que la intensidad del campo magnético era eficaz.

Other manufacturers have tried to make improvements in metal detectors. In the 1960's, Charles Garrett of Texas discovered. There was a method to measure the distortion caused by magnetic fields generated by an electrical discharge of a driver (conductive material) with very low resistance in the ground, such as an mineral body. This method did not require the use of any electrical contact with the mineral or soil, avoiding the problems caused by moisture and other similar factors, was only limited by the short distance at which the magnetic field intensity was very effective.

En los años 70´s se fundaron varias compañías que empezaron a producir en serie detectores de metal: Bounty Hunter, Compass, etc.

"Desde 1981 Discovery Electronics a manufacturado un estilo único de localización patentado para detectar grandes objetos perdidos y tuberías enterradas profundamente". *(5)

En 1985 Minelab Electronics fue formada en el sur de Australia, con la visión de ser un "centro de excelencia para la tecnología de metales"- creó un "laboratorio de minería", o Minelab. * (6)

Desde la década de los 90´s varias compañías empezaron a producir modernos y económicos detectores de metal: Tesoro, Troy, Falcon, New Force, SunRay, XP Metal Detectors, etc., de manera especial Accurate Locators, Inc.

Hoy en día todas las compañías forman la industria del detector de metales, aunque continuará progresando con el transcurso del tiempo y seguirá brindando a la humanidad desarrollo, modernidad; además de que su uso es un maravilloso pasatiempo para el hombre, las mujeres y niños de todos los tiempos.

*1- Garret L. Charles, Modern Metal Detectors, p.15
*2- Steve Anderson, The History Of Metal Detectors, (Traducción al español por el autor)
*3- www.explainthatstuff.com Metal detectors, 2011, Chris Woodford
*4- Steve Anderson-Roy T. Roberts, W&E Treasures 1999, vol. 33 p. 26-31
*5- Información del Discovery de Accurate locators Inc.
*6- Catalogo de Minelab, detectores de Metales, p.2
*Imágenes: copiados de los originales y dibujadas por el autor

In the 70's several companies started to mass-produce metal detectors: Bounty Hunter, Compass, etc..

"In 1981 Discovery Electronics manufactured a uniquely styled patented detector for finding lost objects and deeply buried pipes".* (5)

In 1985 "Minelab Electronics was formed in Southern Australia, with the vision of being a "center of excellence for technology metals" created a "laboratory of mining" or Minelab".* (6)

In the early 90's several companies began to produce modern and economic metal detectors: Tesoro, Troy, Falcon, New Force, Sun Ray, XP Metal Detectors, Specially Accurate Locators Inc., etc.

Many companies are involved in the metal detector industry today and they continue to modernize and improve the technology for both its industrial uses as well as it use as a wonderful pastime for people of all ages.

*1- Garret L. Charles, Modern Metal Detectors, p.15
*2- Steve Anderson, The History Of Metal Detectors, (Spanish translation by the autor)
*3- www.explainthatstuff.com Metal detectors, 2011, Chris Woodford
*4- Steve Anderson-Roy T. Roberts, W&E Treasures 1999, vol. 33 p. 26-31
*5- Information about Discovery of Accurate locators Inc.
*6- Catalog Minelab, Metal detectors, p.2
*Images: copied from the original and drawn by the author

COMO TRABAJAN LOS DETECTORES:

1.- Cuando la electricidad fluye a través en la bobina transmisora, esta crea un **campo magnético** alrededor de toda la bobina.
2.- Si tú mueves el detector por encima del **objeto metálico**, el campo magnético penetra bien a través de este.
3.- El campo magnético crea un campo eléctrico dentro del objeto.
4.- Este campo eléctrico crea otro campo eléctrico alrededor de todo el objeto. El campo magnético se interrumpe a través de la **bobina receptora** moviéndose por arriba, encima de este. El campo magnético hace que la electricidad fluya alrededor de la bobina receptora y altamente a través del circuito receptor para que una bocina emita un pitido alertándote que has encontrado algo.

Como los detectores de metal trabajan en cinco pasos y diagrama, cortesía de *"Artwork by Explainthat Stuff.com"*

Visita la página web:
http://www.explainthatstuff.com/metaldetectors.html

HOW DETECTORS WORK:

1.- When electricity flows through the transmitter coil, it creates a **magnetic field** all around the coil.
2.- If you sweep the detector above a **metal object**, the magnetic field penetrates right through it.
3.- The magnetic field creates an electric field inside the object.
4.- This electric field creates another magnetic field all around the object. The magnetic field cuts through the **receiver coil** moving about up above it. The magnetic field makes electricity flow around the receiver coil and up through the receiver circuit to a loudspeaker that beeps to alert you you've found something.

As the metal detectors work in five steps and diagram, illustration courtesy of *"Artwork by Explain That Stuff.com"*

Visit the website:
http://www.explainthatstuff.com/metaldetectors.html

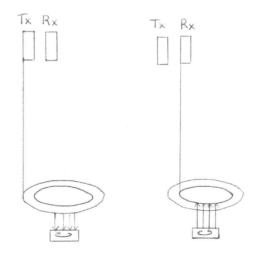

El principio de equilibrio de la inducción empleado en los detectores de metales.
The "induction balance" principle employed in the metal detectors.

ALGUNOS CONSEJOS PARA UTILIZAR DETECTORES

La forma preferible al mover un detector es hacerlo de un lado a otro, debiendo ser lentamente al iniciar la marcha y continuar un poco más rápido hacia el frente evitando posibles obstáculos, mantener una separación de 2-5 centímetros aproximadamente entre el suelo y la antena o bobina buscadora.

El hombre o mujer buscador de metales, al tener en sus manos un detector, previamente tuvo que haber leído bien el instructivo de operación, y tener una noción básica de cómo funciona para poder obtener un desempeño óptimo en su manejo.

Debido a que casi siempre hay algún metal enterrado en cualquier lugar, al instante la bobina buscadora del detector lo capta si está dentro de su campo electromagnético, emitirá el sonido típico. En cierto modo detectar cualquier metal puede ser conveniente para probar el equipo, siempre es bueno detectar y escarbar para confirmar lo que se está detectando, aunque sean metales sin valor.

Malos blancos o basura deberán producir suaves sonidos que no lo hacen cambiar cuando la bobina es pasada por encima.

Si se desea utilizar por primera vez un detector, es recomendable comprarlo nuevo, seleccionando el más adecuado a nuestras necesidades de búsqueda, para objetos pequeños se recomienda utilizar los de bobina buscadora pequeña con tubo ajustable para utilizarse en la proximidad del suelo, éstos detectan en un rango de 5 cm a 50 cm de profundidad.

Podremos seguir los siguientes tips:

- Revisar las baterías.
- Usar audífonos.
- Retirar de nuestro cuerpo cualquier objeto metálico de regular tamaño.
- Retirar del área a explorar cualquier tipo visible de material metálico.

SOME TIPS FOR DETECTORS

The preferred way to use a detector is to move it from side to side, starting slowly and then moving it a little faster, avoiding obstacles and holding it about ¾ inch to 2 inches above the ground.

Prior to using a metal detector a person should read thoroughly the operating manual and should have a basic understanding of how to use it for optimal performance. There is almost always metal buried anywhere so immediately upon entering the magnetic field the detector will send out the buzzing sound. It is a good idea to dig at that spot to determine what the detector has found even if it is a worthless metal. Bad targets (non-metal objects) and trash produce soft sounds that do not change when the coil is passed over them.

If you want to use a detector you should buy a new one selecting one most suitable to your needs. If you are searching for small objects the recommendation is to use a small coil with an adjustable tube and they detect range of 2 inches to almost 20 inches in depth.

Use the following tips:

- Check the batteries.
- Wear headphones.
- Remove any metal objects from your body.
- Remove from the exploration area any metal objects you can see.

Podremos llevar el siguiente equipo extra:

- Baterías de reserva.
- brújula.
- mapas.
- cámara fotográfica.

Para la posible excavación:

- pico.
- pala.
- mochila.

Carry the following extra equipment:

- Backup batteries.
- A compass.
- A map.
- A camera.

For possible excavation:

- A pick.
- A shovel.
- A backpack.

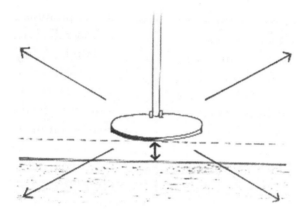

Forma correcta de centralizar un objeto metálico con el detector.
Correct way to centralize a metal object with the detector.

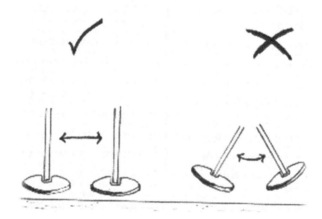

Movimientos correctos he incorrectos de la bobina buscadora.
Correct-incorrect movements of the coil seeker.

TIPOS DE DETECTORES:

Generalmente los detectores de metal se clasifican:

1.- Detectores industriales, son los que se usan para detectar objetos metálicos en las bandas transportadoras de los aeropuertos o en el control de cuerpos extraños en la industria alimenticia.
2.- Los de seguridad, que se utilizan para la detección de armas, por tanto no tienen uso en el terreno, se emplean para detectar metales prohibidos que se pudieran llevar en el cuerpo humano en cárceles, aeropuertos, aduanas etc.
3.- Los portátiles para uso personal, tienen una antena circular con tubo ajustable para posicionarla próxima al suelo. De esta forma encuentran objetos metálicos perdidos en el subsuelo.

Las frecuencias de las ondas electromagnéticas de estos detectores puede ser de: baja o media frecuencia. Existen muchos detectores en el mercado con alguna de estas configuraciones, propiedades, ventajas y desventajas específicas, que en este libro no explicamos detalladamente, solo básicamente las mencionamos y agrupamos por marcas y modelos que poseen dichas características.

Toda esta tecnología es originada, desarrollada y comercializada en el mundo por los Estados Unidos de Norte América, Australia y Alemania. Por eso solo intentamos clasificar y traducir la información al español para una mejor comprensión de las modernas tecnologías, para los que inician como aficionados a la detección que son de habla hispana.

TYPES OF DETECTORS:

Generally, metal detectors are classified as follows:

1.- Industrial detectors are used to detect metal objects on conveyor belts at airports or in the detection of foreign bodies in the food industry.
2.- Security detectors are used for the detection of weapons, and also to detect prohibited and concealed metal weapons in prisons, airports, customs, certain buildings, etc.
3.- Portable detectors for personal use, have a circular antenna with adjustable tube to position it close to the ground to find objects lost in the subsoil.

The frequencies of electromagnetic waves from these detectors may be of low or medium frequency. There are many detectors on the market with many settings, properties, advantages and disadvantages, which in this book are not covered in detail. Basically the detectors are just mentioned and grouped by brand and models with their various features.

All this technology was originated, developed and marketed worldwide by the United States, Australia and Germany. Therefore this book is an attempt to classify and translate into Spanish the necessary information for Spanish speakers who are beginning to use metal detectors.

Las bobinas buscadoras del futuro, serán móviles… / The coils seekers of the future will be mobile…

TECNOLOGÍAS DE LOS DETECTORES PORTÁTILES

Oscilador de Frecuencia de Batido (BFO): Es una tecnología básica para detectar metales. Consiste en dos osciladores (circuitos electrónicos que generan ondas electromagnéticas) conectados a dos bobinas separadas que generan ondas de radio con similar frecuencia, la bobina principal y más grande es la bobina buscadora porque se proyecta al suelo, la otra bobina más pequeña está dentro de la caja de controles. Entonces la bobina principal percibe la interferencia causada cuando se acercan objetos metálicos que alteran el campo electromagnético de las bobinas, esto lo procesa un circuito mezclador que emite un tono distinto en la bocina, haciéndose perceptible la detección.

La desventaja es que la configuración tiene poca penetrabilidad en la tierra, inadecuada sensibilidad, aunque en su tiempo de invención después de la Segunda Guerra Mundial, si lograron los usuarios descubrir muchos metales; actualmente si se comparan con la tecnología de hoy resultan obsoletos, detectan a una profundidad de diez pulgadas, aproximadamente, ejemplos:

- Bounty Hunter: *Bounty Hunter I.II.II BFO.*-Jetco: *The Mustang, Searchmaster.*-Garret: *The Hunter, Cache Hunter, Nugget Hunter.*
- White's: *Goldmaster.* Compass: *Klondike. Yukon.*

TECHNOLOGY PORTABLE DETECTORS

Beat Frequency Oscillator (BFO) is a basic technology for detecting metals. It consists of two oscillators (electronic circuits that generate electromagnetic waves) connected to two separate coils that generate radio waves with similar frequency. The main coil is bigger because it emits waves to the ground; the other smaller coil is within the control box. The main coil detects interference from metal objects as they are approached that alter the electromagnetic field of the coils. The interference is processed by a mixer circuit that emits a different tone through the speaker, alerting the seeker of the detection.

The disadvantages are that the configuration has little penetration in the soil and inadequate sensitivity. At the time of its invention after the Second World War it was "state of the art" in metal detection. However, now when compared with today's technology it is obsolete. Examples of this type of detector are listed below:

- Bounty Hunter: *Bounty Hunter BFO I.II.II*-Jetco: *The Mustang, Searchmaster.*-Garrett: *The Hunter, Cache Hunter, Hunter Nugget.*
- White's: *Goldmaster.* Compass: *Klondike. Yukon.*

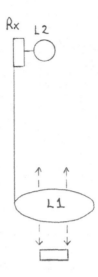

Esquema de un detector tipo BFO. / Schematic of a detector BFO type.

Transmisor-Receptor (TR): Fueron populares después de los BFO's, aún hoy en día se utilizan por aficionados. Consisten en dos circuitos, uno es transmisor y el otro receptor, están montados en cajas distintas que se posicionan separadas, pero comúnmente unidas por un tubo de aluminio. La unidad transmisora tiene un oscilador que genera las ondas electromagnéticas que salen desde la antena en forma de aro llamada loop, ésta tiene una posición fija y perpendicular en relación al receptor que tiene la otra antena loop; sin embargo esta última se debe ajustar a cierta posición para obtener un null o punto de silencio.

Cuando se hace presente un metal en el suelo o en el aire, las ondas enviadas producen pequeñas corrientes en el metal, luego se inducen en la loop receptora, acontece entonces una alteración en el equilibrio de la recepción haciendo que se puedan procesar para ser amplificadas, las ondas son invisibles; pero sus efectos se manifiestan en el circuito receptor cuando se mueve la aguja del medidor, que es un galvanómetro y a la vez parte de esa energía genera sonido en la bocina. Así es como sucede la detección de metal en esta configuración, ejemplos de algunos modelos:

Transmitter-Receiver (TR) detectors were popular after the BFO's and even today are used by amateurs. The TR consists of two circuits, one a transmitter and the other a receiver, which are mounted in separate boxes. They are positioned apart but commonly connected by an aluminum tube. The transmitter has an oscillator that generates electromagnetic waves radiating from the antenna in the form called a ring loop. It has a fixed position and is vertical to the receiver that has the loop antenna, which should be adjusted to a null position or point of silence.

When a metal is present in soil or in the air, the sent waves produce small currents in the metal that are detected by the receiver loop. These invisible waves are processed to be amplified causing the meter needle to move and the energy generated produces the sound. Some types of TRs are listed below:

- Fisher: *M Scope, Gemini II, III.-*Hays Electronics: *2B Mega Explorer.-*Detectores S.A. de México: *Thor, Explorador.*
- Metrotech: *Model 480,480B.* Etcétera.

Detectores similares que llevan parte del circuito en las antenas o que también tienen las bobinas buscadoras en el exterior al tener además posicionadas las antenas de manera perpendicular, ejemplos:

- Discovery Electronics: *TF 600, TF 900.-*Whites: *TM 600, TM 808.-*Garret: *Master Hunter, 7, CX, CX III, CX Plus,* con bobinas intercambiables *Hound Depth Multiplier.*

- Fisher: *M Scope, Gemini II, III.-*Hays Electronics: *2B MegaExplorer.-*Detectores S.A de Mexico: *Thor, Explorador.*
- Metrotech: *Model 480,480B.* Etc.

Similar detectors that are part of the circuit or coils seekers have only abroad, but are also positioned in the detector perpendicular, examples:

- Discovery Electronics: *TF 600, TF 900.-*Whites: *TM 600, TM 808.-*Garret: *Master Hunter, 7, CX, CX III, CX Plus,* with interchangeable coils *Hound Depth Multiplier.*

Antenas Rx (receptora) y Tx (transmisora) posicionadas de frente para captar directamente las ondas electromagnéticas.
Antennas Rx (receiver) and Tx (transmitter) positioned directly in front to capture electromagnetic waves.

Cómo se desempeña el detector de dos cajas / How to work two-box detector

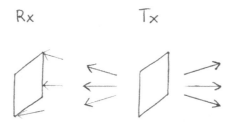

Si se acercan al máximo las antenas "loop" captan completamente las ondas electromagnéticas.
If they approach the maximum antenna "loop" it fully captures the electromagnetic waves.

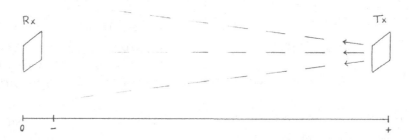

Si se alejan al máximo las antenas "loop" captan hasta cierto límite las ondas electromagnéticas.
If the antennas are positioned too far apart it is possible that the "loop" will capture some or none of the electromagnetic waves.

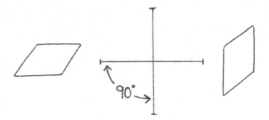

La configuración del receptor y transmisor es en posición perpendicular para obtener un "null" o punto de silencio.
The configuration of the receiver and transmitter is perpendicular to get a "null" or point of silence.

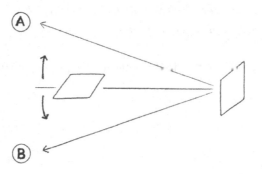

Movimiento hacia arriba (A) que permite mayor profundidad y hacia abajo (B) permite menor profundidad.
Upward movement (A) allowing deeper and down (B) allows shallower.

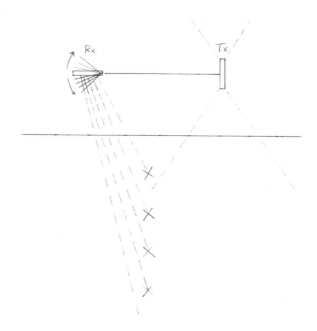

Movimientos mecánicos de subir y bajar el "Rx" determina la profundidad de recepción.
Mechanical movements up and down the "Rx" determine the depth of reception.

Muy baja frecuencia (VLF): Como su nombre lo indica este tipo de detectores operan a más baja frecuencia que los BFO's y los TR, tienen la ventaja sobre éstos porque su oscilador que genera las ondas electromagnéticas, oscila más lentamente debajo de los 30 kilohertz y penetra a mayor profundidad en la tierra, también poseen dos bobinas: transmisora y receptora, un poco juntas (empalmadas) y fijas en un punto de equilibrio "null" o separadas en forma concéntrica, conformando la bobina buscadora, que en presencia de metal se desequilibra manifestando la detección en el circuito receptor de la caja de controles que está separada, más arriba colocada en un tubo que sostiene la unidad.

Es la tecnología con que operan la mayoría de los detectores en la actualidad, además de popular por su versatilidad en su manejo, además pueden usarse con una gran variedad de bobinas buscadoras, la más grande es de dos o tres pies en diámetro y con esto mayor profundidad se logrará, también son buenos en detectar objetos pequeños con bobinas chicas, son algunos ejemplos:

The *Very Low Frequency (VLF):* as its name suggests operates at lower frequency than the TR and the BFO. The VLF has the advantage that the oscillator used to generate the electromagnetic wave oscillates more slowly below 30 kilohertz and penetrates deeper into the earth. In addition, it has two coils: transmitter and receiver, some boards (spliced) and a fixed in balance or "null" seeker coil. In the presence of metal the null coil becomes unbalanced expressing the detection in the receiver circuit of the control box located on the tube that supports the unit.

This is the technology used in the most popular detectors. The advantages of this detector are versatility of handling, its use of wider diameter coils that allow for greater depth detection and usefulness for detecting small objects using small coils. Below are some examples of detectors using this technology:

- Minelab: *Golden Hawk, XT 18000, Relic Hawk, Musketeer Colt, Musketeer XS Pro, Colt. X-Terra305, 505, 705, Soberano GT, SE Explorer Pro, Safari.*
- Fisher: *CZ-7a Pro, CZ 7A, CZ-20, F2, F4, F5, F70, F75, ID Edge, ID Excel.*
- Garret: *Predator, Scorpion Gold Stinger, CX Plus, GTI 2500, GTI 1500, GTI 1350, GTA 1250, 750, 550, 400, Ace 350, 300, 250, 200, 150, 100, AT Pro.*
- Discovery: *Baron, Baron Millennium.*
- Bounty Hunter: *Tracker IV, Land Star, Lone Star, Quick Draw II, Quick Silver, Time Ranger, Fast Tracker, Treasure Tracker 1 ID, Sharp Shooter II, Land Ranger, Discovery-330, 1100, 2200. Legacy 3300, 1500, Gold, Platinum.*
- Whites: *6000 Pro XL, Spectrum DFX, Spectrum XLT, Classic SL, Quantum, Sierra Madre, XL Pro, QXT Pro, IDX Pro, Classic ID, III, II, I. Prizm5G, CoinMaster.*
- Tesoro: *Lobo, Diablo Max, Sabre II, Bandido II, Compadre, SilveruMax, Cibola, Vaquero, Tejon, Golden uMax, De Leon, Cortes, Tiger Shark.*
- Teknetics: *Alfa2000, G-2, T-2, Omega-8000, Gamma-6000, Delta-4000.*
- Tyndall: *Nautilus DMC I, DMC II, DMC II-B.*-Makro: *Jeotech.*
- Viking: *6, 10, 20, 30, 40.*-C. Scope: *CS 5MXP, CS 999XD.*
Compass: *XP 350, XP Pro Plus.* Etc.

- Minelab: *Golden Hawk, XT 18000, Relic Hawk, Musketeer Colt, Musketeer XS Pro, Colt. X-Terra305, 505, 705, Soberano GT, SE Explorer Pro, Safari.*
- Fisher: *CZ-7a Pro, CZ 7A, CZ-20, F2, F4, F5, F70, F75, ID Edge, ID Excel.*
- Garret: *Predator, Scorpion Gold Stinger, CX Plus, GTI 2500, GTI 1500, GTI 1350, GTA 1250, 750, 550, 400, Ace 350, 300, 250, 200, 150, 100, AT Pro.*
- Discovery: *Baron, Baron Millennium.*
- Bounty Hunter: *Tracker IV, Land Star, Lone Star, Quick Draw II, Quick Silver, Time Ranger, Fast Tracker, Treasure Tracker 1 ID, Sharp Shooter II, Land Ranger, Discovery-330, 1100, 2200. Legacy 3300, 1500, Gold, Platinum.*
- Whites: *6000 Pro XL, Spectrum DFX, Spectrum XLT, Classic SL, Quantum, Sierra Madre, XL Pro, QXT Pro, IDX Pro, Classic ID, III, II, I. Prizm5G, CoinMaster.*
- Tesoro: *Lobo, Diablo Max, Sabre II, Bandido II, Compadre, SilveruMax, Cibola, Vaquero, Tejon, Golden uMax, De Leon, Cortes, Tiger Shark.*
- Teknetics: *Alfa2000, G-2, T-2, Omega-8000, Gamma-6000, Delta-4000.*
- Tyndall: *Nautilus DMC I, DMC II, DMC II-B.*-Makro: *Jeotech.*
- Viking: *6, 10, 20, 30, 40.*-C. Scope: *CS 5MXP, CS 999XD.*
- Compass: *XP 350, XP Pro Plus.* Etc.

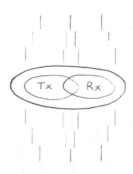

Patrón del campo electromagnético en una bobina Doble-D.
Electromagnetic field pattern in a Double-D coil.

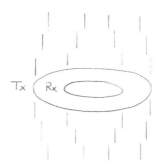

Patrón del campo electromagnético en una bobina concéntrica.
Electromagnetic field pattern in a concentric coil.

Inducción de Pulsos (PI): Es un tipo de detector que constantemente genera unos pulsos de alternada corriente, la cual es enviada a la tierra como un poderoso campo electromagnético a través de una bobina que las emite y recibe al mismo tiempo, entonces los pulsos se envían y ese proceso se repite muchas veces cada segundo, pero los campos electromagnéticos se colapsan rápido estando la bobina en ausencia de un metal, se expanden de manera uniforme y al no regresar estos, no hay indicación en el medidor; pero si un metal está presente, la pequeña energía enviada, fluye en el metal en forma de corrientes "eddy" generando así un secundario campo electromagnético residual, parte de éste es recibido por la bobina y luego se procesa en unos microsegundos para dar una indicación en el medidor, logrando así detectar el metal.

Esta tecnología permite un máximo de sensibilidad y profundidad en la detección de metales como oro y plata, así como de otros conductivos metales, no minerales. Este detector con esta modernidad puede operar efectivamente en áreas altamente mineralizadas, playas, sobre agua fresca y salada, ejemplos de este tipo de detectores:

- TB Electronics: *Pulse Star II Pro.*
- Accurate Locators: *SSP-2100, 3000, 3100, Penetrator 5500, Megapulse III, III2.*

The Pulse Induction (PI) detector is a type that constantly generates alternating current pulses. These pulses are sent to the ground as a powerful electromagnetic field through a coil that sends and receives at the same time. Then the process is repeated many times every second. In the absence of an electromagnetic field the coil rapidly collapses but if a metal is present, the small energy sent flows into the metal in the form of currents or "eddies" generating a secondary residual electromagnetic field. Some of it is received by the coil and then processed in a few microseconds to give an indication on the meter, thus achieving the detection of the metal.

This technology allows for maximum depth and sensitivity in the detection of metals such as gold and silver, and other conductive metals, non mineral. This detector with its modern technology can operate effectively in highly mineralized areas, beaches, and in fresh and salt water. Some examples of this type of detector are listed below:

- TB Electronics: *Pulse Star II Pro.*
- Accurate Locators: *SSP-2100, 3000, 3100, Penetrator 5500, Megapulse III, III2.*

- Minelab: *SD2100, SD2200D, GPX-4500, 5000*
- Lorenz: *System 2, 5.*
- Fitzgeral: *Maxi Pulse 5000.*
- JW Fisher: *Pulse 6x, 8x.*
- Fisher: *Impulse, CZ-S Dual Frequency.*
- Tesoro: *Sand Shark.*
- Deepers: *X5, MF, Prospector.*
- Pulsematic: *9000.*
- White's: *Pulse Scan TDI. Gold Scan.* Etc.

- Minelab: *SD2100, SD2200D, GPX-4500, 5000*
- Lorenz: *System 2, 5.*
- Fitzgeral: *Maxi Pulse 5000.*
- JW Fisher: *Pulse 6x, 8x.*
- Fisher: *Impulse, CZ-S Dual Frequency.*
- Tesoro: *Sand Shark.*
- Deepers: *X5, MF, Prospector.*
- Pulsematic: *9000.*
- White's: *Pulse Scan TDI. Gold Scan.* Etc.

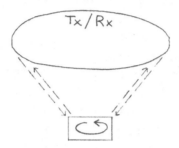

Una sola antena en un detector de pulsos puede enviar y recibir energía electromagnética.
A single antenna in a pulse detector can send and receive electromagnetic energy.

Este es un detector con inducción de pulsos con todas sus características: La bobina de búsqueda envía pulsos magnéticos más cortos. El campo magnético induce corrientes Eddy en los objetos de metal para ser detectados. Esas corrientes generan un campo electromagnético secundario que fluye hacia afuera desde el blanco.

Una porción de este campo secundario pasa a través del bobinado de la antena. Esta señal es procesada por la electrónica y se muestra por una medición de respuesta precisa. El desacoplamiento oportuno de información entre las fases de transmisión y recepción permite al Penetrador de Pulsos trabajar con mayor potencia de transmisión. El SSP-2010pi mantiene automáticamente su máxima sensibilidad y profundidad para detectar oro, plata y otros conductivos metales.

Estas son unas importantes características con el SSp2100:

This is a pulse induction detector: The search coil sends magnetic pulses shorter. The magnetic field induces eddy currents in metal objects to be detected. These currents generate a secondary electromagnetic field that flows out from the blank.

A portion of this secondary field passes through the winding of the antenna. This signal is processed by the electronics and displayed by an accurate measurement of response. The decoupling of timely information between phases allows the transmission and reception of pulses Penetrator work more transmit power. The SSP-2010pi automatically maintains its maximum depth and sensitivity to detect gold, silver and other conductive metals.

Some important features with the SSp2100:

1.- Detección de largo rango y extrema profundidad de detección.

2.- Pequeños blancos como tapa roscas, tapas, piezas de aluminio son rechazadas.

3.- El dispositivo puede operar efectivamente en áreas de tierra con elevada mineralización, playas de aguas frescas y saladas.

4.- Componentes de alta calidad son usados y todas las partes del circuito son designadas para alinearse así mismas para derivar la señal, debido al cambio de temperaturas.

5.- Las rocas calientes son categóricamente ignoradas.

6.- El SSP es un profesional instrumento para tesoros profundos con increíbles capacidades de detección profunda.

7.- El único con modo automático de movimiento para hacerse operar fácilmente y ser manejable hasta por los principiantes.

8.- El dispositivo discrimina blancos ferrosos no deseados, blancos en la capa cultivable de la tierra sin perdida en los parámetros de profundidad.

El SSP-3000, 3500 "Digital" Discriminador y el SSP-2100 "Analógico", son una combinación única de un detector de metales y un magnetómetro que trabajan uno y otro para detectar destinos de hierro, de oro y plata. Utilizando la tecnología de inducción de pulsos, usted puede discriminar con rapidez entre los metales ferrosos y no ferrosos. Los discriminadores detectan con facilidad los objetos grandes que están enterrados a más de 15 pies (4.5m) de profundidad.

Se muestran los siguientes modelos con permiso de la compañía norteamericana Accurate Locators Inc. Modelos SSP-2100 y SSP-3000,3500 que discriminan fácilmente largos y grandes objetos metálicos perdidos a una profundidad aproximada de 6 metros, por medio de una bobina de 1m x 1m, y bobinas buscadoras de distintos diámetros.

1.- Detection and extreme long range detection depth.

2.- Small white as screw caps, lids, aluminum parts are rejected.

3.- The device can operate effectively in areas of land with high mineral content, fresh water beaches and salt.

4.- High-quality components are used and all parts of the circuit are designed to align them and to derive the signal due to temperature change.

5.- The hot rocks are categorically ignored.

6.- The SSP is a professional tool for deep treasures with incredible depth detection capabilities.

7.- The only automatic mode of movement to be operated easily and be manageable even by beginners.

8.- The device is the metal detector to discriminate unwanted ferrous targets, targets in the arable layer of the earth with no loss in depth values.

The SSP-3000, 3500 "Digital" discriminator and the SSP-2100 "Analog", these are a unique combination of a metal detector and a magnetometer working either to detect targets of iron, gold and silver. Using Pulse Induction technology you can rapidly discriminate between ferrous and nonferrous metals. The discriminators easily detected large objects that are buried more than 15 feet (4.5m) deep.

The following models are shown with permission from the American company Accurate Locators Inc. Model SSP and SSP-2100-3000, 3500 to easily discriminate long and large metal objects lost at an approximate depth of 6 meters, through a coil of 1m x 1m, and coils of different diameters seekers.

Información por cortesía de Accuarte Locators Inc.

1383 2nd Ave. Gold Hill, Oregon 97525. U.S.A.
e mail: accurate@accuratelocators.com
Web site: www.accuratelocators.com

Information courtesy of Accuarte Locators Inc.

1383 2nd Ave Gold Hill, Oregon 97525. U.S.A.
e mail: accurate@accuratelocators.com
Web site: www.accuratelocators.com

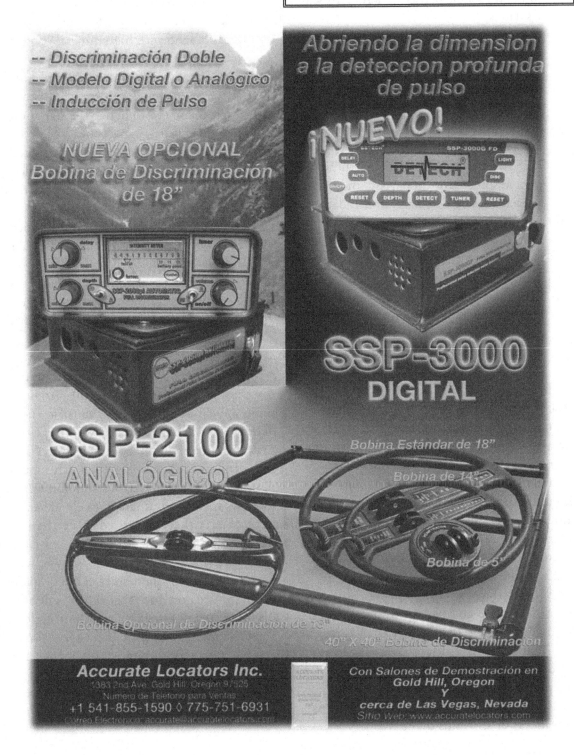

Sistemas inducción de pulso con antenas en forma de manta.

Para unos detectores ha sido desarrollada una nueva antena que fue incrustada en una "manta" de poliuretano resistente, específicamente designada para detectar profundamente y rápidamente, porque las antenas se pueden remolcar con un vehículo o arrastrar con los brazos y son más rápidas que las tradicionales antenas redondas, a las antenas se les puede también añadir los sistemas de imágenes 3D para obtener un triple poder de detección.

Systems with pulse induction antennas in blanket form.

Some detectors have a new antenna embedded in a "blanket" resistant polyurethane specifically designed to detect deeply and quickly, because the antennas can be towed with a vehicle or pulled by arms. The antenna is faster than traditional round antennas and they can also add 3D imaging systems for a triple detection power.

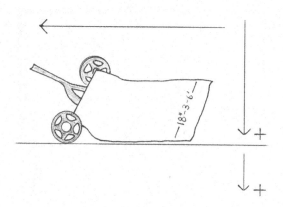

Para ir más profundo, más rápido encontrar oro y hacer más fácil la búsqueda del tesoro con la antena de Manta y la detección de impulsos de inducción!
Go Deeper, Faster & Make Find Gold Treasure Hunting Easier With Blanket Antenna's and Pulse Induction Detection!

Rod Huskey es un Prospector usando el SSP 2100 y una manta de 3 pies.
Rod Huskey is a Prospector using the SSP 2100 and 3-foot blanket.

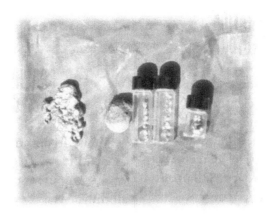

El área está cerca de quartzite en Arizona, EE.UU., es 100% pepita de oro.
The area is near a quartzite in Arizona, U.S.A., 100% gold nugget.

TECNOLOGÍA QUE GRAFICA SEÑALES DEL DETECTOR:

Se puede optimizar cualquier detector de metales con un instrumento científico, de una manera sorprendente porque ya existe una importante tecnología que permite visualizar en una computadora lo que el detector va registrando. Este dispositivo es el llamado ARC-GEO LOGGER, se puede conectar prácticamente a cualquier detector. Y trabaja por medio de la recepción y transformación de señales sonoras, desde la salida del jack para audífonos, una vez hecho esto, los datos se pueden cargar a una PC y con un programa computacional que se puede obtener gratis desde internet llamado software "Suffer", entre otros. Con este se transforma la información para visualizarla en la pantalla de la PC por medio de lo que el detector ha detectado con graficas de colores, rojo, verde y azul.

Con este dispositivo se aumentará la velocidad de búsqueda con los detectores de metales. Precisamente nos graficará en imágenes, indicándonos lo que tenemos debajo de nuestro detector, es una "hardcopy" del sitio o lugar para una posterior referencia y estudio.

El sistema Arc-Geo Logger de visualización es para detectores de metales. Esta unidad te permite que "veas" los objetivos en la tierra.

GRAPHIC TECHNOLOGY DETECTOR SIGNALS:

You can optimize any metal detector with a scientific device that allows you to visualize on a computer screen what the detector is finding. The device is called the ARC-GEO LOGGER and it can be connected to virtually any detector. Once the receiving and processing of sound signals from the output of the headphone jack is done, the data can be uploaded to a PC using free computer software download from the internet. The software program is called "Snuffer". This information is converted for display on the PC screen with color graphics -red, green and blue.

This device will increase the speed of search time with metal detectors. The precisely plotted images indicate what is under the detector and provides a "hardcopy" of the site or location for further reference and study.

The Arc-Geo Logger system display is for metal detectors. This unit allows you to "see" targets under the ground.

Arc-geo Pro logger, instrumento entre tu detector y tu computadora.
The Arc-geo Pro logger, instrument between your detector and your computer.

ARC-GEO LOGGER

El Arc-Geo Logger te permite usar en un detector de metales para transportar la señal sonora desde el jack del auricular. Entonces los datos pueden ser cargados para una PC y desplegar visualmente en una forma de malla, para mostrar todas las locaciones con los blancos dentro del área planeada. El software Suffer es disponible gratis en el internet. El software es usado para procesar datos de la resistencia en la tierra y muestra los datos similares a un GRM. Este es la primera vez que un propietario del detector de metales, pueda registrar y transportar los datos y tener una importante copia impresa de un sitio para posterior referencia. ¡Pobre hombre del GPR! . . . El detector que tú usas es el limitante para la profundidad que tú puedas obtener.

Características: $ 1250.00 + 30.00 envío

Pantalla visible LCD.

- ➢ Luz de fondo en pantalla para uso nocturno.
- ➢ 4—bancos de memoria de 4 K con total de 16 K.
- ➢ 4—20x20 mallas por banco.
- ➢ Ajustable X, con tamaños de malla Y, hasta el límite.
- ➢ Descargar datos para la PC.
- ➢ Ligero y fácil de transportar.
- ➢ Indicador de batería baja en pantalla LCD.
- ➢ Paquete de baterías recargables 8-AA.
- ➢ Maleta Seahorse a prueba de agua.
- ➢ Modo Automático/Manual switch. Con unas automáticas muestras en segundos mientras tú caminas.
- ➢ 1-año de garantía en trabajo y partes.
- ➢ Actualizaciones gratis del software bajo garantía.

ARC-GEO LOGGER

The Arc-Geo Logger allows you to use a metal detector to log the sound output signal from the headphone jack. Then the data can be downloaded to a PC and displayed in a grid fashion to show all target locations within the plotted area. The software Snuffer is available *free* on the Internet. The software is used for ground Resistivity and shows the data similar to a GRM. This is a first for a metal detector owner to log data and have a hard copy of a site for later reference. The poor man's GPR! The detector you use is the limit of the depth you can reach.

Features: $1250.00 + 30.00 shipping

- ➢ Daylight visible LCD.
- ➢ LCD backlight for nighttime use.
- ➢ 4 banks of 4k total 16k.
- ➢ 4 - 20x20 grids per bank.
- ➢ Adjustable X, Y grid sizes up to bank limit.
- ➢ Down load data to PC.
- ➢ Light and easy to carry.
- ➢ Low battery LCD indication.
- ➢ Rechargeable 8-AA battery pack.
- ➢ Water proof Seahorse case.
- ➢ Auto/manual logging mode switch. Auto - samples once a second as you walk.
- ➢ 1-year parts and labor warranty.
- ➢ Free software updates under warranty.

SEPTIC TANK
Resistivity =Color
Metal Detector 8"
Coil = Grey scale

TF-900 Deep Seeker
Large area of metals

Bob caminando en la búsqueda de un tanque séptico con el Arc-geo logger.
Bob walking in search of his septic tank with a 2-box and Arc-geo logger.

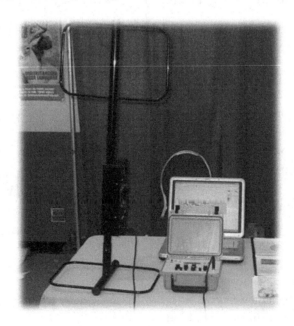

Mostrando el registrador Arc-geo logger en exposición para buscadores de tesoros.
Set up Arc-Geo logger at a treasure show.

*El mini registrador Arc-geo en su caja protectora.
The mini Arc-geo logger in case.*

Arc-geo mini registrador. / Arc-geo mini logger.

PARTE III

LAS ÁREAS HISTÓRICAS DE MÉXICO:

Para determinar cuál es la mejor área para localizar metales como: reliquias, monedas y hasta tesoros enterrados, es saber diferenciar el lugar donde vivió el hombre por más tiempo, tratando de encontrar el sitio en que dejó una "huella" de su pasado, como antiguos materiales y restos arqueológicos. Otros materiales que dan evidencia son la roca, alfarería, vidrio, madera, etcétera.

Accidentalmente o deliberadamente quedaron tirados varios utensilios, sí los encontramos en el estado en que se encuentran, nos pueden indicar los cambios que tuvieron a través del tiempo y podrán evidenciar la época aproximada en la que vivió determinado conjunto de personas en ese lugar y tratar de fechar así aproximadamente el área en la etapa histórica a la cual pueda pertenecer, algunas áreas las podemos seleccionar en:

Casas o edificios antiguos: En donde un núcleo familiar de una sociedad se instaló para vivir, podemos preguntar e indagar para saber donde estaba ubicado; pero si no obtenemos datos históricos, entonces hay que buscar ruinas, observando si hay cimientos y además ver si se conforman restos de habitaciones, aunque en muchas ocasiones todo fue destruido, en tal caso se usará el método de resistividad eléctrica aplicada al terreno, que nos indicará la ubicación de los cimientos y hasta huecos o túneles.

Haciendas o ranchos: Fueron centros productivos, con diferentes actividades; agrícolas, mineras, azucareras, etc., de gran extensión, administrada desde la casa grande o "casco" donde habitaba el hacendado, administrador y varios trabajadores, allí existieron y utilizaron gran cantidad de metales, desde herramientas de labranza hasta monedas de oro, pero debido a los acontecimientos revolucionarios en México, tuvieron un efímero esplendor entre los años 1880 a 1910, existen muchos tesoros en esas áreas.

PART III

HISTORIC AREAS OF MEXICO:

To determine the best area to locate metals such as relics, coins and even buried treasure, it is important to know the areas where civilizations flourished long ago. Then you can search the area for signs of "man's footprint" in the ancient ruins. The materials that provide evidence of the "footprint" include pottery, glass, wood, etc.

Accidentally or deliberately left tools and other utensils lying around ruins, depending on their condition, can indicate the approximate time in which a certain group of people inhabited an area and may show changes that occurred in the making of the utensils during the period of habitation. With this data it may be possible to assign an approximate historical period in which these people inhabited this area. Some areas to select may include:

Old Houses: Where there was a known settlement it is possible to read about the people, location and history. However, if there is no historical data then it is necessary to search the ruins for foundations or remnants of rooms. In many cases everything is destroyed and it becomes necessary to use the method of applied soil electrical resistivity, which indicates the location of the foundations, wells and tunnels.

Haciendas: These were production centers, with different activities, agricultural, mining, etc. The land was located very far from the house or "town" where the owner, farmer, manager and /or several workers lived. In these areas there were many farm tools made from metal and gold currencies. Between 1880 and 1910 there was a fleeting splendor followed by Revolutionary events and today there are many treasures to be found in these areas.

Iglesias o centros ceremoniales: Estos lugares de culto religioso, fueron amplios recintos, algunos contaban con mucho terreno exterior; pero al paso de los años quedaron en la tierra extraviados u olvidados todo tipo de metales, en especial pequeños ornamentos metálicos y reliquias religiosas, debido a la gran concurrencia de personas, se dividen en parroquias y cuentan con capillas, tuvieron su origen en México por un lapso de varios años, desde 1500 a 1910.

En Norte América existen muchos lugares en los que se pueden emplear los detectores de metales. Basados en estos datos seguramente existirán sitios similares para descubrir tesoros en muchos países…

LUGARES ARQUEOLÓGICOS:

Fueron importantes sitios de la época precolombina y eran habitados por tribus de indígenas, aunque no utilizaban mucho los metales en su vida diaria, si utilizaron los metales nobles, el estaño y plomo, en algunos casos debieron utilizar metales preciosos, principalmente para ofrendas a sus dioses en las ceremonias, lo que despertó la codicia de sus conquistadores españoles y esto originó las situaciones trágicas de su desaparición.

LUGARES INCÓGNITOS:

Son sitios apartados de la civilización actual o sin existencia de restos visibles, pero fue a donde llevaron los relatos e historias, principalmente se cuenta que habitaron grupos de personas quienes forzosamente utilizaron y en algunos casos extraviaron herramientas y objetos metálicos de valor.

Es importante, sacar fotografías del exterior e interior del lugar ya que posteriormente nos servirán de referencia. Si existe la posibilidad, elaborar un croquis con medidas aproximadas, donde marcaremos las señales que el detector nos indicará…, luego centralizaremos posibles blancos y escarbaremos según sea el caso.

Churches: These places of worship had wide enclosures and some also had a lot of ground outside of the enclosed area. Over the years, a lot of metal was left on the ground especially small metal ornaments and relics. The period of 1500 to 1910 saw many parishes formed with chapels due to the influx of people into the areas.

In the United States and Canada, there are many places you can use metal detectors. Based on this data certainly there exist similar sites in many countries.

ARCHAEOLOGICAL SITES:

They were important sites in the pre-Columbian period and were inhabited by Indian tribes. However, they did not use metal very much in their daily lives. In some cases they did use tin or lead. The precious metals were mainly used as offerings to their gods in ceremonies. When the Spanish conquerors saw the precious metals, they conquered the Indians claiming their land with its wealth leading to the tragic death of this civilization.

UNKNOWN PLACES:

They are places away from civilization without the existence of current or visible ruins, but people are led there by stories they have heard about many groups of people living there. These people sometimes left tools and other objects of value behind.

It is important to take photographs of the exterior and interior of the ruins as will be discussed later. If at all possible, make a sketch with approximate measurements, which will become targets for the possible and pin-point an area to dig as applicable.

En muchos países existe relación entre el buscador y el gobierno, en el Reino Unido por ejemplo, los aficionados tienen permisos para buscar, si encuentran algún objeto histórico, lo llevan al museo para que la pieza metálica sea catalogada y el museo puede reclamar o pedírsela al dueño en préstamo cuando se requiera.

En México hay reglamentaciones para descubrimientos de objetos metálicos de valor, pero no hay un verdadero control ni vigilancia. En Norte América, se tiene el liderazgo en la búsqueda, control y reglamentación de metales.

En otros países sucede igual, pero en muchos otras naciones sucede lo contrario.

In many countries there is a relationship between the searcher and the government. In the UK for example, people have permissions to search, but if someone find a historical object he must take it to the museum. Here the metal piece is cataloged and the museum can claim or ask for it on loan from the owner when required.

In Mexico there are regulations for discovery of metal objects of value, but there is no real control or monitoring. In North America, the leader of the search has control and ownership of metals objects found.

GALERÍA DE ÁREAS HISTÓRICAS EN MÉXICO Y LA FRONTERA CON U.S.A.
GALLEY OF HISTORIC AREAS IN MEXICO AND THE U.S. BORDER.

Antiguo dibujo de una antigua casa mexicana, en el Valle de México, C. Bouret, 1890.
Old drawing of an old Mexican house in the Valley of Mexico, C. Bouret, 1890.

Hacienda del irlandes Jorge Braniff, en Guanajuato, México, 1900.
Irish hacienda of George Braniff, in Guanajuato, Mexico, 1900.

*Antigua hacienda San José de Porto, actualmente sumergida en las aguas de una presa,
entre Guanajuato-Michoacán y Estado de México.
Antigua Hacienda San Jose of Porto, now submerged in the water of a dam,
between state Michoacan, Guanajuato and Mexico state.*

*Antigua Pirámide de granito que estaba situada entre México y los Estados Unidos de América,
para señalar la frontera, por convenio de las dos naciones.
Old granite pyramid was located between Mexico and the United States of America,
to mark the border, by agreement of the two nations.*

El desierto de Yuma, 1909, comarca desolada y hundida al noreste de México.
The desert of Yuma, 1909, and sunken desolate region in northeast Mexico.

Dibujo de una antigua casa en Estados Unidos, por A S. Barnes & Co. 1883.
Drawing of an old house and the United States, by A S. Barnes & Co. 1883.

PARTE IV

EL TIPO DE BÚSQUEDA A LA DISTANCIA:

Para la localización de metales específicos que pudieran ser antiguos, es práctico seleccionar los métodos de recuperación, no cerrando la posibilidad de encontrar algo pequeño pero valioso, en los tipos comunes de búsqueda se encuentran las personas que buscan monedas o selectivos tesoros, quienes buscan reliquias metálicas, los que hacen prospección arqueológica y hasta los que localizan metales bajo el agua, aplicando directamente detectores de metales, exteriormente sobre la "vertical" del supuesto lugar donde pudieran estar ocultos o enterrados; sin embargo existe otro tipo de localización, que es nuevo y aun está en desarrollo, es llamado: localización a la distancia, en el se intenta percibir ondas electromagnéticas "horizontalmente" por una masa metálica que las puede alterar, pero solo pudiera funcionar en objetos grandes de metal, tesoros grandes y vetas de minerales conductivos. Los instrumentos de largo rango y científicos que pueden funcionar para una localización remota o cierta distancia son: EMFAD-UG12, MAGNACAST 5000, TerraPlus EM 16, etcétera.

Una vez que se detecta un blanco conductivo a la distancia se emplea la técnica de la "triangulación", y posteriormente si es posible, se pueden emplear los detectores comunes para detectar el blanco conductivo "verticalmente".

EXCAVACIÓN Y ENCUENTRO:

Para lograr este paso, es necesario obtener el permiso del dueño de ese lugar; si es casa particular, cualquier encuentro podrá pertenecer al descubridor y al dueño; pero si es área federal o propiedad del gobierno que no esté sujeta a la libre detección,

PART IV

THE TYPE OF SEARCH IN THE DISTANCE:

For the location of specific metals that may be old, it is practical to select the best method of recovery. Whether, the person is in search of coins or selective treasure, part of an archaeological team looking for metal relics or searching underwater for treasures, the best method of detecting would be to use the direct "vertical" application. However there is a new and developing method of recovery called localization in the distance. It attempts to detect electromagnetic waves "horizontally". It can only be used on large metal objects, large treasures or conductive mineral veins. The long-range instruments that allow scientists to work in a remote location or distance are: EMFAD-UG12, MAGNACAST 5000, TerraPlus EM 16, and so on.

Once a conductive target is detected at a distance it uses the technique of "triangulation" and then if possible, the detectors can be used to detect common conductive target "vertically".

EXCAVATION AND MEETING:

To excavate land permission must be obtained from the owner and if it is a private house or land and anything you recover is the property of the discoverer and the owner. If on federal land or area owned by the government which is not subject to free detection,

entonces es muy importante obtener permiso correspondiente, de acuerdo a las leyes vigentes en la materia de cada país.

Para tener mayor seguridad en el sitio se deben tomar los cuidados respectivos en todos aspectos. Si buscamos objetos metálicos pequeños con nuestro detector, entonces simplemente nos indicará una marca pequeña, y procederemos a escarbar con una palita, etc., al encontrar el metal retirarlo con cuidado, mismo que guardaremos en una bolsa de plástico, etc., para que no se pierda y posteriormente estudiarlo o analizarlo.

Pero sí en cambio detectamos una marca metálica grande con un detector de dos cajas o detector de pulsos, etc., entonces hacer ancha la excavación, desde el centro hasta un rango de 1 metro a 2 metros, procediendo a escarbar con pico y pala hasta encontrar el metal, con cuidado desde luego guardarlo en un costal de lona, etc., para su posterior estudio, si nuestra suerte fuera mayor, tomaremos una precaución especial ya que podríamos encontrar oro o plata…

RESCATE Y CONSERVACIÓN DE METALES:

Una vez que rescatemos cualquier metal, es importante lavarse las manos si es posible, y con precaución tratar de abandonar el lugar para poner a salvo los metales valiosos que encontremos y luego analizaremos cuando estemos en un lugar seguro.

Para la conscrvación del metal, hay que mantenerlo alejado de la intemperie, como la humedad, agua y excesivo calor, posteriormente colocarlo en un lugar freso, seco y ventilado, porque principalmente el hierro se oxida con facilidad. Otros metales requieren limpieza como el cobre en el que podemos utilizar una solución de agua caliente y vinagre blanco, en la plata podremos remover las machas con un limpiador especializado. El oro es un metal inerte y tiene un mínimo de corrosión y no requiere ningún tratamiento, solo lavarse con jabón y agua.

then is very important to get permission according to existing laws of each country.

Take great care when excavating to do as little as possible to disturb the environment at the site as well as taking care with the object that is found. If looking for small metal objects with a detector, just make a small mark, and proceed to dig with a shovel, etc. Place the "treasure" in a plastic bag to protect it prior to analysis or study.

If the search is done with a large metal detector or two box detector pulses, etc., then dig wide, from the center to a range from 1 meter to 2 meters, and proceeded to dig with shovels and picks. Once the metal object is recovered carefully store it in a duffle bag for further study. If your luck is better and gold or silver is found . . . , it requires carefully handling.

RESCUE AND CONSERVATION OF METALS:

Once any metal is recovered, it is necessary to wash your hands, if possible, and take the valuable metal to a safe place to analyze it.

For the conservation of the metal, it should be kept away from the elements, such as humidity, water and excessive heat and placed in a clean, dry, well ventilated place to prevent rust. Other metals like copper require cleaning using a solution of warm water and white vinegar. Silver needs a special cleaner to remove stains. Gold is an inert metal, and has minimal corrosion and requires no treatment; just wash it with soap and water.

Para todos los demás metales, según este su estado, podremos utilizar limpiadores específicos de cualquier marca, de esta forma se conservarán por más tiempo.

DETECCIÓN DE METALES POR RADIESTESIA

La radiestesia es el método que se emplea para la búsqueda de objetos perdidos, es una legendaria técnica de percepción, usando los sentidos del ser humano, como el denominado "sexto sentido" aun no es un método confiable para la detección, por lo que se puede usar como una técnica alterna de búsqueda.

La detección de objetos perdidos por medio de la radiestesia es empleada en el mundo entero, como método principal o alternativo en la búsqueda de metales. Sin embargo esta técnica de localización no ha sido científicamente aprobada debido a que no siempre funciona, esto puede ser por algunas causas, otras veces el operador trata de obtener una rápida respuesta y eso hace que su mente se anticipe en tratar de resolver la localización del metal u objeto en cuestión, estos pensamientos interfieren en la lenta reacción del "sexto sentido" y sus reacciones posteriores, por consiguiente la localización falla. Para tener más probabilidades de éxito en el uso de instrumentos que se emplean en la radiestesia, como son el péndulo y las varillas en forma de "L", es necesario pensar en el objetivo de búsqueda sin anticiparse al resultado y tener mucha paciencia para dejar que la reacción del "sexto sentido" se manifieste.

Aquí expongo la construcción y uso de un nuevo "artilugio" para emplearlo con las reacciones inconscientes de tu cuerpo, la he denominado "varilla de equilibrio" porque ésta se coloca de forma horizontal y está en equilibrio sobre nuestras dos manos.

For all other metals, according to their condition, specific cleaning solutions will preserve the metal.

DETECTION OF METALS BY DOWSING

Dowsing is a legendary technique using the human senses, such as the "sixth sense". It is not yet a reliable method for detection but can be used as an alternative search technique.

Detecting lost objects using dowsing is worldwide, as both a principal or alternative method in the search for metals. However, this technique has not been scientifically approved because it does not always work. This can be for several reasons. For example, sometimes the operator is anticipating where the metal is located and that interferes with the "sixth sense" so it cannot get the information through to the searcher. To have a greater chance of success in the use of instruments for dowsing, such as the pendulum and rods in an "L", the operator must search without anticipating the results and be very patient to let the "sixth sense" locate it.

The "balancing rod" is a new "gimmick" to use also in conjunction with the operator's unconscious mind. It is named balancing rod because it is placed horizontally and is balanced on the hands.

La nueva varilla de equilibrio. / The new balanced rod.

Fíjate en las siguientes imágenes para construirla a partir de una varilla de cobre, bronce o aluminio, y usarla en un estado de relajación, sin presiones o prisas, girando lentamente sobre ti mismo en dirección de las manecillas del reloj hasta obtener una respuesta.

Construcción de la varilla:

- Obtener una varilla de cobre o aluminio de 2.20 centímetros de largo, calibre aproximado de 6-8, etc.
- Dos tubitos de cobre o aluminio de 9 cm. Y un 1 cm., de diámetro.
- Obtener un papel de aproximadamente 70cm. x 90 cm.
- Una tabla de aproximadamente 40cm. x 80 cm.
- Clavos sin cabeza.
- Cinta de aislar.

Tratar de plasmar con una regla las medidas de la varilla en el papel, (la mitad de la varilla está entre las dos agarraderas).

Dibujar y revisar el contorno de la varilla en el papel con las medidas de la imagen. Poner el papel sobre la tabla y clavar muy bien los clavos en las partes donde se necesite hacer un dobles en el alambre, empezar por cualquier agarradera, el círculo de la parte trasera mide 10 cm. de circunferencia, son dos

The "balancing rod" is made of copper, brass or aluminum, and to be used in a relaxed state, without pressure or haste, slowly turning towards your body clockwise to get a response.

Construction of the rod:

- Get a rod of copper or aluminum of 2.20 inches long, approximately 6-8 size, etc.
- Two copper or aluminum tubes 3.5 inches And a 0.4 inch in diameter.
- Get a paper about 27.5 inches x 35 inches.
- A table of about 15.5 inches x 31.5 inches.
- Headless nails.
- Tape.

Trace the rod on a piece of paper. (half of the rod is between the two handles). Revise the picture of the rod on the paper to fit the measurements of the rod.

Put the paper on the table and hammer in nails in the parts where you need to place double wire. Start with any handle, the circle on the back is 4 inches in circumference and you

vueltas y se puede usar un tubo para hacerlo. Una vez terminado, retirar los clavos de la tabla para poner cinta de aislar o cinta flexible en la parte central de la varilla, los dos tubos se meten en las agarraderas, dando un fuerte pero ligero dobles con pinzas para que no se salgan.

can use a tube of 4 inches to turn, when finished remove the nails from the table, put tape on the center of the rod and place the two tubes on the handles giving a strong but lightweight double twist so they do not loosen.

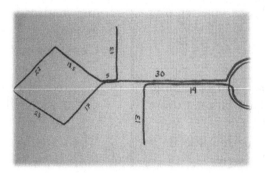

La varilla de equilibrio debe de usarse con mucha paciencia para buscar metales escondidos.
The balance rod should be used with great patience to search for hidden metals.

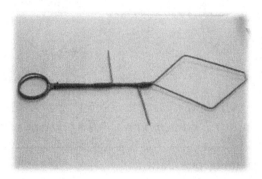

Dibujar el contorno de la varilla con sus medidas en centímetros.
Draw the outline of the rod with your measurements in centimeters.

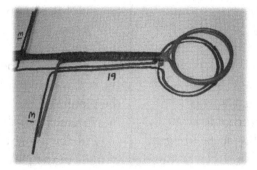

El círculo trasero mide 10 centímetros de diámetro y le da equilibrio a la varilla.
The bottom circle is 10 centimeters in diameter and gives balance to the rod.

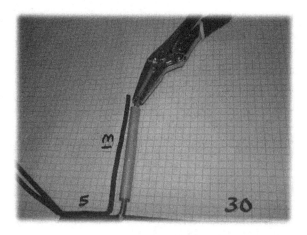

Los tubos se insertan en las agarraderas y se dobla el alambre de la varilla.
Tubes inserted into the handles and double wire rod.

- Obtener un pequeño pedazo de metal, (del que se desea buscar), colocarlo en la punta de la varilla, ponerle cinta de aislar para que sirva como un "testigo".
- Tomar la varilla de las agarraderas suavemente, con las palmas de las manos cerradas hacia abajo, brazos flexionados hacia arriba, que el extremo circular de la varilla quede cerca de la garganta, a la altura donde está la glándula tiroides, o en la posición del "plexo solar"
- Pensar en el objeto que se desea buscar.
- Solo observar la varilla.
- Girar lentamente sobre sí mismo 360°, hasta que la punta de la varilla se mueva ligeramente hacia el frente (abajo).
- Repetir el proceso tres veces y marcar las posibles respuestas de la varilla (dejar que la varilla se mueva sola).

- Get a small piece of metal (for which to search), place the tip of the rod; put duct tape to serve as a "witness".
- Grasp the rod handles smoothly, with closed palms down, arms bent upward; the circular end of the rod is near the throat, at the height of the thyroid gland, or the position of the "solar plexus".
- Think of the object to be found.
- Just watch the rod.
- Slowly turn-on itself 360 °, until the tip of the rod is moved slightly forward (down).
- Repeat the process three times and mark the possible responses of the rod (let the rod move by itself).

- Moverse a un lado de 1-3 metros, para repetir el proceso e intentar una triangulación, para poder dar una respuesta de la localización del objeto o metal que se busca. Paciencia y buena suerte en este proyecto.

- Move to the side of 3-10 feet, to repeat the process and attempt a triangulation, in order to respond to the location of the object or metal sought. Patience and good luck on this project!

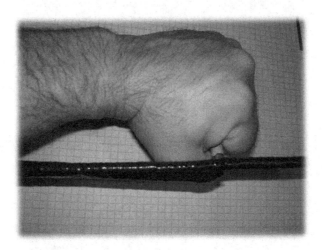

Tomar la varilla con los puños suavemente cerrados y hacia abajo.
Take the rod lightly closed fists and down.

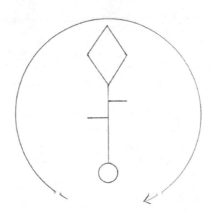

Mover la varilla 360° cinco vueltas hasta que empiece a dar una respuesta.
Move the rod 360 ° five laps until it begins to respond.

De acuerdo a la figura de arriba, si tu mano derecha esta agarrando la agarradera más lejana, girar la varilla para que tu mano derecha esté más flexionada, así será más sensible.
According to the figure above, if your right hand is grabbing the handle more distant, it makes sense to turn the rod over and grab the handle closer to your body so that your right arm is flexed more.

PARTE V

LA INFORMACIÓN Y RECURSOS:

Siempre será muy importante obtener más información relacionada a los detectores de metal, en cualquier tiempo y lugar, porque al hacer esto, se eleva el conocimiento básico, posteriormente se verá reflejado en el éxito al localizar, recuperar y proteger los metales. Por ejemplo, el tener conocimiento de la dirección de una compañía especializada en venta de detectores, si se requiere, se puede realizar una llamada telefónica, e mail o carta a una dirección específica, seguramente nos recomendarán un buen detector de acuerdo al tipo de búsqueda en el que estemos interesados.

Las organizaciones, nos orientarán con todo tipo de datos, reglamentaciones y prohibiciones sobre la detección, al mismo tiempo son un medio para poder integrarse a una agrupación, o simplemente tener conocimiento de ello, para cuando sea necesario.

Existen también en internet los llamados "foros" donde se dan opiniones con experiencias personales de aficionados a un grupo de cibernautas localizados alrededor del mundo, en cualquier especialización sobre el interesante hobby que es la búsqueda y encuentro de metales perdidos.

Finalmente todo esto es muy conveniente para aquel que se inicia en la búsqueda, porque ayudará a encontrar datos en forma rápida; especialmente como lo ofrece el internet, dado que existen muchísimos sitios de interés, acerca de los detectores de metales. Esta lista es solo una guía básica de direcciones, pues existen muchísimas por visitar y explorar. Deberán poner la dirección electrónica en cualquier buscador del internet, y a "navegar"… en estas páginas interesantes:

PART V

INFORMATION AND RESOURCES:

It is always very important to learn more information regarding metal detectors at any time and place, because in doing so, it raises the level of your basic knowledge, which will be reflected in the success you have in locating, recovering and preserving metals. For example, to learn which detector is best for the kind of search to be done call or e-mail to a company that sells detectors.

Organizations can also provide all kinds of data, regulations and prohibitions without the need to become a member.

There are also internet "forums" where there is information about personal experiences from a group of amateur searchers living around the world. These forums also contain a lot of knowledge and expertise about the exciting hobby of searching for and locating lost metal.

Finally all this is very convenient for anyone who needs information and it is convenient that there is so much information on the internet about metal detectors. This list is just a few of the many sites available to visit and explore. Be sure to copy and paste the e-mail address in your browser to "navigate" to the sites.

COMPAÑÍAS DE DETECTORES EN EL MUNDO: METAL DETECTOR COMPANIES AROUND THE WORLD

-América del Norte/-North America

(Canadá/Canadá)

H.A.S Enterprises, Inc.
Okanagan Falls, BC, Canadá
http://www.hasdetectors.ca

(Estados Unidos/United States)

Accurate Locators, Inc.
521 s. Central Avenue
Medford, OR. 97501
U.S.A.
http://www.accuratelocators.com

Bounty Hunter Metal Detectors
11900 Montana Avenue
El Paso, TX. 79936
U.S.A.
http://www.detecting.com

Compass
47920 NW Waldheim Way
Forest Grove, OR. 97116
U.S.A.

Discovery Electronics, Inc.
1415 Poplar Street
Sweet Home, OR 97386
U.S.A.

Fisher Research Laboratory
200W Willmott Rd.
Los Banos, CA 93635-5501
U.S.A.
http://www.fisherlab.com

Garret Metal Detectors
1881 W. State St.
Garland, TX. 75042-6797
U.S.A.
http://www.garret.com

Tesoro Electronics, Inc.
715 White Spar Road
Prescott, Arizona 86303
U.S.A.
http://www.tesoro.com

Troy Custom Detectors, Inc.
13015 Harkness Dr.
Dallas, TX. 75243
U.S.A.
http://www.troycustomdetectors.com

White's Electronics, Inc.
1011 Pleasant Valley Road
Sweet Home, OR 97386
U.S.A.
http://www.whiteselectronics.com

-América del Sur/-South America

(México/Mexico)

Detectores S.A. de C.V.
Tabasco 152, Col. Roma
Distrito Federal
México
http://www.detectores.com.mx

Latincom-Mex S.A. Electronics
Calle Balboa 149
92294 Boca del Río
Veracruz
México
http://www.deepers.com

(Venezuela/Venezuela)

Thor Technologies ca.
Av. Francisco de Miranda, Edif. Saule
Piso 1, Oficina 11B
Chacao, Caracas
Venezuela
http://www.thortech.org

(*Brasil/Brazil*)

Mineoro Indústria Electronica Ltda.
Rod. SC434, Cx Postal 01
Arejas da Palhacinha 88495.000
Garopaba-SC
Brasil
http://www.mineoro.com

(*Argentina/Argentina*)

Detectorshouse
Hilarión de la Quintana 1087, Florida.
Vicente López, Buenos Aires
Argentina
http://www.detectorshouse.com

-Europa/-Europe

(*Reino Unido/United Kindom*)

Laser Metal Detectors, Regton Ltd.
82 Clireland Street
Birmingham B19 35N,
United Kindom
http://www.regton.com

C. Scope Internacional Ltd.
Kingsnorth Technology Park
Wotton Road, Ashford, Kent
TN23 6LN
United Kindom
http://www.csmetaldetectors.com

(*España/Spain*)

Eurodetection, S.L.
Ctra. De Canillas
138-2. 11B. 28043 Madrid
España
http://www.eurodetection.com

(*Alemania/Germany*)

TB Metal Detectors
Hall-Str. 5 58638 1 Serlohn
Germany
http://www.tb-electronics.de/index2.htm

Ebinger
51149 Cologne, Hansestr. 13
Germany
http://www.ebingergmbh.com

(*Italia/Italy*)

Electronics Company Srl.
ViaPediano 3A 40026
Imola Italy
http://www.mediaelettra.com

(*Rusia/Russia*)

TPK Trigla
Rjazanskij pr-t8 a
109428 Moscu
Russia

Nokta Metal Detectors
Emek Mah. Sivatyolu Cd. Sakiz Sk.
No: 4 Nokta Muhendislik
Sancaktepe Istanbul
Turkey
http://www.noktadetectors.com

(*Francia/France*)

International Detection Services
22 rue Charles Baudelaire
75012 Paris
France

-Asia/-Asia

(*India/India*)

Digitals India
119-A Humayopur Safdarjung Enclave
110029 New Delhi
India
http://www.digitalsindia.com

(*China/China*)

Qingdao boke electronics co., Hd.
Rm. 1902, a, haifulou, no. 47
Qutangxialu, qingdao
Shandong, 26600
China

(Korea/Corea)

Dastek Co. Ltd
2FL, 1660-1, Seocho-dong
Seocho-guSeoul
South Korea
http://www.korea.manufacturers.
globlaresorces.com

(Japon/Japan)

Japanese Metal Detector Manofacturing
Ltd.
1-27 Misaki-Cho
Ibaraki-city
Asaka
Japan
http://www.orb.com

(Australia/Australia)

Minelab Electronics PTY Limited
118 Hayward Avenue
Torrensville
South Australia 5031
http://www.minelab.com.au

DIRECTORIO DE DISTRIBUIDORAS DE DETECTORES Y DE ACCESORIOS: DIRECTORY DISTRIBUTION OF DETECTORS AND ACCESSORIES:

-América del Norte/-North América

(Canadá/Canada)

Butler Metal Detectors
236 40th Ave. N.E.
Calgary, ABT2E2M7
Canadá

Golden Horseshoe Detector Sales
67 Richmond Crescent
Stoney Creek, Ontario.
Canada

Golden Treasure Metal Detectors
134 Homestead Rd
Scarborough, Ontario M1E 352
Canadá
http://www.goldentreasuremetaldetectors.
com

(Estados Unidos/United States)

Cal-Gold
2569 East Colorado Blvd.
Pasadena, CA 91107
U.S.A.
http://www.treasure.com

Jimmy Sierra Products
3095 Kerner Blvd.
San Rafael, CA. 94901
U.S.A.
http://www.jimmysierra.com

Kellyco Detector Distributors
1085-W Belle Ave.
Winter Springs, FL 32708
U.S.A.
http://www.kellycodetector.com

Minelab U.S.A.
2700 E PATRRK LN#11
Las Vegas NV 89120
U.S.A,

Belda's metal detectors sales
60442 Zuni Rd.
Bend, OR. 97702
U.S.A.

Metaldetector
23 Turnpike Rd.
Southborough, MA 01772
U.S.A.
http://www.metaldetector.com

Doc's Detecting Supplies
3740 S. Royal Crest St.
Las Vegas, Nevada 89119-7010
U.S.A.
http://www.docsdetecting.com

Golden Treasures
1862 E. Apache Blvb.
Tempe, AZ 85281
U.S.A.

-México y América del Sur/-Mexico and South America

Detectores S.A. de C.V.
Bush Detectors
Avenida Vallarta 1525
Local 206, 44140 Guadalajara
México
http://www.bush-detectores.com

Masterdetector
Ave. Ruiz Cortines 314D Local 4
Col. Mitris, Centro.
Monterrey, N.L.
México
http://www.masterdetector.com.mx

Grupo Locateso S.A.
Calle Cancún 39, Col. Jardines Ajusco
Del. Tlalpan. C.P. 14200 México. D.F.
http://www.locateso.redtienda.net

-Europa/-Europe

(Reino Unido/United Kindom)

Crawfords Metal Detectors
F6 Mercia Way
Foxhills Industrial Estate

Scunthorpe
North Lincolnshire
DN15 8RE
http://www.crawfordsmd.co.uk

Detecnicks Ltd.
3 orchad Crescent
Arundel Road
Fontwell
BN18 OSD
United Kindom
http://www.detecnicks.co.uk

España/Spain

Orcrom Metal detectors
Avda. Arquitecte Guadí, 10-16 Bxs.
08800 Vilanova i la Geltrú
Barcelona, España
http://www.metalldetectors.com

Bulgaria/Bulgaria
Notsi, Ltd.
9000 Varna, 8th september-12str.
Bulgaria
http://www.notsi.com

(Irlanda/Ireland)

Minelab International Limited
Laragh, Badon
Co. Cork,
Ireland

Md-Ireland
http://www.md-ireland.com

-Australia/-Australia

Treasure Enterprises of Australia
P.O. box 383
Archefield, Queensland 4108
Australia
http://www.treasureenter.com

COMPAÑÍAS DE EXPLORACIÓN Y EXCAVACIÓN DE METALES: METAL EXPLORATION AND EXCAVATION COMPANIES:

-Estados Unidos/United States

Cochran and Associates, Inc.
808 Newberry Street
Bowling Green, Kentucky
U.S.A.

Pamela Enterprises, Inc.
35 South Woodruff Road.
Bridgeton, NJ 08302

Treasurestech
http://www.tesorosenterrados.com

Recovery Treasure Troop
1437 W. 17th St.
Chicago, IL 60608
http://www.treasuretroop.com

COMPAÑÍAS DE EQUIPO PARA DETECTAR METALES EN MARES Y RÍOS: UNDERWATER METAL DETECTOR COMPANIES:

-Estados Unidos /-Unites States

Treasure Expeditions
8889 Eagle Ridge Court
West Chester
Ohio 45069
U.S.A.
http://www.treasureexpeditions.com

http://www.oceantreasures.org/

J.W. Fishers Mfg, Inc.
1953 County Street
E. Taunton, MA 02718
U.S.A.
http://www.jwfishers.com

Old Charter Salvage
Ligh Thouse Point, FL 33064
http://oldcharter.com

Keene Engineering Inc.
20201 Bahama Street
Chatsworth, CA. 91311
U.S.A.
http://www.keeneEng.com

ORGANIZACIONES Y FOROS SOBRE DETECCIÓN DE METALES: ORGANIZATIONS AND FORUMS ABOUT METAL DETECTION:

http://www.metaldetectinghunt.com/

Rainbow's End Metal Detecting Association
Stoney Creek, Legion Hall
12 King St. East
Stoney Creek, Ontario L8G 1J8
Canada
http://www.geocities.com/schnapsie2003/

Archaeological Institute of America
135 William Street, New York,
NY 10038
U.S.A.
http://www.archaeology.org

Federation of Metal Detector &
Archeological Clubs
117 Forest, South Hutchinson, KS 67505
U.S.A.
http://www.fmdac.com

Historic Archaeological Research
4338 Hadley Court
West Lafayette, IN 47906
U.S.A.
http://www.har-indy.com

Treasure Hunter University
957 Big Creek Lane
Ceres, CA.
U.S.A.
http://www.treasurehuntersuniversity.com

National Underground Railroad
Network to Freedom
National Park Service
1100 Ohio Drive, SW, Rm 139
National Capital Region
Washington, DC 20242
http://www.nps.gov

Legends of America
P.O. Box 19423
Lenexa, KS 66285
U.S.A.
http://www.legendsofamerica.com

Portable Antiquies Scheme
The British Museum,
Great Russell Street
London, WC1B 3DG
United Kindom
http://www.findsdatabase.org.uk

http://www.thortech.org

http://www.thunting.com

http://www.treasurenet.com

http://www.geotech1.com

http://www.thunting.com

http://www.treasure-signs.com

http://www.detecting.org.uk

http://www.mitchking.us/page3.html

http://www.nuggethunting.com/

http://www.nuggetshooter.com/

http://www.goldprospectorsspace.com/

-Foros en U.S.A./-Forums in U.S.A.

http://www.treasurehunterforum.com
http://www.treasurenet.com
http://www.metaldetectingforum.com
http://www.geotech1.com/forums/
http://www.thunting.com/smf/www.ero.
trix.org
http://www.bunk-n-teri.com/

(*Reino Unido/United Kindom*)

http://www.ukdetectornet.co.uk
http://www.metaldetectingforum.co.uk/

(*Canadá/Canada*)

http://www.canadianmetaldetecting.com
http://www.albertametaldetecting.com

(*México/Mexico*)

http://www.buscatesoros.hazblog.com
http://www.buscadores-tesoros.com
http://metaldetectingworld.com/index.
shtml
http://www.geo-deteccion.com/

PARTE VI

GLOSARIO DEL DETECTOR:

Amplificador: Es un circuito eléctrico que magnifica el poder de un sistema elevando el voltaje y corriente de una pequeña señal eléctrica del detector.

Antena: Componente del detector que recibe o transmite la energía electromagnética al entorno.

Audífono: Accesorio que se conecta al detector y convierte la energía eléctrica en ondas sonoras audibles en unas diminutas bocinas que se colocan en el oído y se utilizan en lugares ruidosos además de que ahorran energía.

Balance de tierra: Función del detector para ignorar los efectos de mineralización de la tierra en la detección de metales.

BFO detector: Es un simple detector con un circuito que consta de un oscilador buscador y otro de referencia las señales se mezclan y amplifican en Hz luego se procesan para generar señal audio visual.

Bobina de búsqueda: Parte del detector donde están alojadas las bobinas transmisora y receptora que envían ondas electromagnéticas orientadas hacia la tierra para detectar metales.

Bocina de audio: Es el sistema en un detector que indica la información sonora referente a la detección de metal.

Caja de controles: Contenedor donde están alojados los circuitos electrónicos, controles, indicadores visuales, sonoros y las baterías.

Campo electromagnético: energía electromagnética invisible generada por el oscilador del detector y que se transmite por el cable hasta la bobina buscadora, de allí fluye en un entorno determinado según el tamaño de la bobina.

Centralización: Es la localización de un metal con el detector y obtener el lugar exacto para que sea desenterrado.

PART VI

GLOSSARY OF DETECTOR:

Amplifier: An electrical circuit that magnifies the power of a system by raising the voltage and current of a small electrical signal from the detector.

Antenna: A component of the detector that receives or transmits electromagnetic energy to the environment.

Headset: Accessory that is connected to the detector and converts electrical energy into audible sound waves into tiny speakers that are placed in the ear and are used in noisy places besides saving energy.

Ground Balance: Function of the detector to ignore the effects of ground mineralization in metal detecting.

BFO detector: Is a single detector with a circuit comprising of an oscillator and a reference search signals are mixed and amplified in Hz then processed to generate audio visual signal.

Search Coil: Part of the detector which is housed the transmitter and receiver coils that send electromagnetic waves directed toward the earth for detect metals.

Audio speaker: The system is a detector indicating the sound information concerning the detection of metal.

Control Box: Container where are housed the electronics, controls, visual indicators, audio and batteries.

Electromagnetic field: Invisible electromagnetic energy generated by the oscillator detector and transmitted by cable to the coil seeker, there flows in a given environment according to the size of the coil.

Pin point: The location of a metal with detector and get the exact location to be unearthed.

Corrientes eddy: Son las pequeñas corrientes eléctricas que circulan en el metal y que fueron producidas por un campo electromagnético desde la bobina buscadora.

Detector de metal: Es un instrumento electrónico capaz de ser sensible para detectar objetos conductivos dentro de la tierra.

Discriminador: Circuito que se ajusta para ignorar o recibir la detección de determinados objetos metálicos.

Frecuencia: Es el número de veces en que las ondas electromagnéticas son producidas por el oscilador en un segundo.

Hertz: Es la unidad de frecuencia equivalente a un ciclo por segundo.

Inducción de pulsos: Es la técnica en la detección en que se utilizan pulsos de corriente eléctrica que son enviados como ondas electromagnéticas para la tierra en la búsqueda de metales.

Medidor: Componente del detector que indica la información visual en la detección de metal.

Metal: Son las sustancias metálicas como el hierro, acero, hoja delgada de metal, níquel, aluminio, oro, plata, bronce, cobre, plomo, etc.

Kilohertz: Son los mil ciclos por un segundo en que oscilan las ondas electromagnéticas.

Oscilador: Parte del circuito de un detector de metales que genera las ondas electromagnéticas.

Penetrabilidad: Habilidad de un detector para penetrar la tierra y diversos materiales en la localización de objetos metálicos.

Receptor: Parte en un circuito del detector que recibe y procesa las ondas electromagnéticas reflejadas por los metales enterrados.

Sensibilidad: Es la eficiencia del detector para hacer notar los cambios de ganancia y resolución en la detección.

Tierra mineralizada: Porción tierra que contiene componentes principalmente conductivos y en algunos casos no conductivos.

Eddy currents: Are small electrical currents in the metal and were produced by an electromagnetic field from the coil seeker.

Metal Detector: This is an electronic instrument capable of being sensitive for detecting conductive objects within the earth.

Discriminator: A circuit that is set to ignore or receive specific detection of metal objects.

Frequency: The number of times that the electromagnetic waves are produced by the oscillator in a second.

Hertz: Is the unit of frequency equal to one cycle per second.

Pulse Induction: The detection technique used electrical current pulses are sent as electromagnetic waves to the land in search of metals.

Meter: Is a galvanometer in the detector indicating the visual information in the detection of metal.

Metal: are metallic substances such as iron, steel, metal foil, nickel, aluminum, gold, silver, bronze, copper, lead, etc.

Kilohertz: A frequency of the thousand cycles per second of electromagnetic waves.

Oscillator: A circuit that produces an alternating current with frequency specific.

Penetration: The ability of a detector to penetrate the earth and various materials in the location of metal objects.

Receiver: Part in a detector circuit that receives and processes the electromagnetic waves reflected by buried metals.

Sensitivity: The efficiency of the detector to be more or less susceptible to deeper and farther targets.

Mineralized land: Portion soil containing mainly conductive components and in some cases non-conductive.

TR detector: Tipo de detector para metales en que se utilizan circuitos transmisores y receptores de ondas electromagnéticas en un rango aproximado de frecuencia 70 khz., a 100 khz.

VLF detector: Tipo de detector que opera en un rango de frecuencia de 3 khz., a 30 khz., que se utiliza en la mayoría de los detectores modernos.

La bobina receptora está protegida del campo magnético de la bobina del transmisor; pero detecta los campos magnéticos emanados por los objetos en el suelo.

TR detector: Type metal detector circuits are used in which transmitters and receivers of electromagnetic waves in a frequency range of approximately 70-100 kHz.

VLF detector: Type detector which operates in a frequency range from 3-30 kHz, used in most modern detectors.

The receiver coil is shielded from the transmitter coil's magnetic field, but it detects the magnetic fields emanated by objects in the ground.

DICCIONARIO DEL BUSCADOR DE METALES: DICTIONARY OF THE METAL SEARCHER:

antigua / ancient
azogue / mercury
barra de oro / gold bar
bajo tierra / underground
basura metálica / metallic trash
blanco metálico / metallic target
brújula / compass
buscar / searching
carga / load
casa antigua / old house
cavar / dig
caverna / cave
centralización / pin-pointing
cobre / copper
compartimiento / compartment
cofre / chest
cueva / cave
debajo / underneath
descubrimiento / discovery
diamante / diamond
dinero / money
distancia / distance
encuentro / finding
enterrar / to bury
escaneo / scan
escarbar / to excavate
esconder / hidden
explorador / explorer

gasificación / gasification
hacienda / plant
hallazgo / recovering
herrumbre / rust
hierro / iron
hacer un hoyo / to dig a hole
hundimiento / cave-in
joya / jewel
lámpara carburo / carbide lamp
localización / localization
localizadores de largo alcance / long range locators
loma / small hill
mapa / map
mina / mine
mineral / ore
minero / miner
moneda / coin
montaña / mountain
olla / pottery pan
oro / gold
oxidado / rusty
perdido / lost
piedra preciosa / gemstone
plata / silver
profundo / deep
radiestesia / dowsing
reliquia / relic
riqueza / richness
roca / rock
ruinas / ruins
secreto / secret
sierra / mountains
símbolo / symbol
tapar / cover
templo / temple
tesoro / treasure
tesoro de oro / gold cache
triangulación / triangulation
tumba / grave
túnel / tunnel
bajo-tierra / underground
vara de radiestesia / dowsing rod
vena / vein of ore
veta / vein

GLOSARIO ELECTRÓNICO DEL DETECTOR:

Antena Loop: Es una grande y simple bobina en forma circular o cuadrada de aluminio o alambre de cobre para recibir ondas electromagnéticas con mayor amplitud.

Antena Ferrita: Es una pequeña bobina enrollada en un material de polvo-fierro altamente comprimido y sirve para concentrar campos electromagnéticos de muy lejana distancia reduciendo el tamaño de la antena.

Cable conductor: Es el encargado de conducir en un circuito o sistema eléctrico de un detector de metales las corrientes eléctricas.

Circuito integrado: Es un pequeño circuito electrónico utilizado para una determinada función electrónica pero esta diminutamente encapsulado en silicio disminuyendo la complejidad física del detector y consumo de energía.

Condensador o capacitor: Dispositivo eléctrico que almacena cargas eléctricas sometido a un voltaje determinado.

Batería o pila: Sistema para un detector que transforma la energía química en corriente eléctrica directa.

Bobina: Es un alambre generalmente de cobre enrollado que sirve como antena al recibir o enviar las ondas electromagnéticas.

Bocina o altavoz: Dispositivo en el que una pequeña bobina montada en un imán amplifica la corriente eléctrica asignada transformándola en ondas sonoras.

Diodo: Es un dispositivo electrónico con dos electrodos y terminales, uno es llamado el cátodo y el otro el ánodo con una sola unión o semiconductor, el diodo solo conducirá corriente en un solo sentido.

Diodo led: Dispositivo semiconductor que emite luz visible por una corriente eléctrica cuando pasa a través de éste.

Filtro capacitor: Dispositivo eléctrico en función similar al condensador pero tiene una polaridad y maneja menos voltaje.

Resistencia: Dispositivo el cual se opone al paso de la corriente eléctrica su unidad es el ohm.

GLOSSARY OF ELECTRONIC PARTS OF THE DETECTOR:

Loop Antenna: This is a simple coil in a circular or square of aluminum or copper wire for receiving or transmitter electromagnetic waves more widely.

Ferrite antenna: A small coil wound on an iron powder material is highly compressed and serves to focus the electromagnetic field far away that helps in reducing the size of the antenna.

Lead Wire: Is the leading electric currents in a circuit or electrical system of a metal detector.

Integrated Circuit: A small electronic circuit used for a given electronic function but this minutely encapsulated in silicon decreasing the physical complexity of the detector and power consumption.

Condenser or capacitor: A device that stores electrical charges electricity under a given voltage.

Battery or battery: System for a detector that converts chemical energy into electricity directly.

Coil: It is usually copper wire that serves as an antenna to send or receive electromagnetic waves.

Speaker: A device in which a small coil mounted on a magnet amplifies the power assigned transforming into sound waves.

Diode: Is an electronic device with two electrodes and terminals, one is called the cathode and the other the anode with a single connection or semiconductor, the diode will conduct current in one direction only.

LED: Is a semiconductor device that emits visible light by an electric current when it passes through it.

Filter capacitor: A device similar functions to electric capacitor but has a voltage polarity.

Resistance: A device which opposes the passage of electric current. The unit is the ohm.

Resistencia variable: Es una resistencia pero con un puente que eleva o baja a voluntad la resistencia.

Semiconductor: Material sólido o liquido que puede conducir la electricidad como un aislante pero peor que un metal.

Switch: Mecanismo que al cerrarse o separarse, enciende o apaga el detector de metales.

Transistor: Moderno componente electrónico en el que están tres pequeñas conexiones eléctricas montadas en un dispositivo semiconductor de germanio o de silicio y se utilizan como amplificadores y osciladores en el detector.

CONCLUSIÓN:

Para cualquiera de nosotros será gratificante lograr descubrir metales en un sitio histórico. Porque luego de conocer ese lugar exteriormente, lo analizamos "interiormente" y aunque no es posible ver a través de la tierra, es práctico emplear el detector de metales, para hacer "brotar" o descubrir los metales que se encuentran enterrados, en esto utilizamos sin lugar a dudas el método científico, puesto que observaremos, conoceremos, comprobaremos y recuperaremos con nuestras propias manos una parte de la historia del hombre en un determinado lugar; en donde vivió en una etapa de su vida.

El éxito será el resultado de una selectiva búsqueda del área así como la dedicación y el entusiasmo que pongamos para este fin, por eso en todos estos procesos seguramente nos generarán una emocionante satisfacción al encontrar antiguos o valiosos metales, de tal forma que estamos ocupados en esta fascinante actividad de la detección metálica, que es en Norte América y en México el hobby de los más populares y en todo el mundo el más excitante deporte de todos los tiempos, puesto que obtenemos nuestra remunerativa y gratificante "recompensa".

Variable resistance: Resistance but has a bridge that raises or lowers the resistance.

Semiconductor: Solid or liquid material that can conduct electricity as an insulator but worse than a metal.

Switch: A mechanism for closing or separation, on or off the metal detector.

Transistor: Modern electronic component in which three small electrical connections are mounted on a semiconductor device of germanium or silicon and are used as amplifiers and oscillators in the detector.

CONCLUSION:

Anyone would find it rewarding to discover metal at a historic site. This is because after seeing this site outwardly, we analyze "inwardly" and although you cannot see through the earth, it is practical to use the metal detector to "grow" or find the metals that are buried there. Through the use of the scientific method it is possible to see, know, check and recover with our own hands a part of human history.

Success will result from a selective search of the area and the dedication and enthusiasm that we put forth to accomplish this. Satisfaction will result when old or valuable metals are found. Metal detection is the most popular hobby in North America and the most exciting sport of all time because the prize can be profitable and "rewarding".

El detector móvil del autor. / The mobile detector of the author.

BIBLIOGRAFÍA:
BIBLIOGRAPHY:

-Accurate Locators, Inc. Newsletter, U.S.A., july/2007

-Accurate Locators, Inc. The SS-2100 Discriminator, Manual, Gold Hill, OR., U.S.A.19 p.

-Andrews P. Antonio, Fernando Robles Castellanos, *Excavaciones arqueológicas en el Meco*, Quintana Roo, 1977, Colección Científica Instituto Nacional de Antropología e Historia México, 1960, 46 p.

-ARC-GEO LOGGER, Owner's Manual, Bayouside Drive Chauvin, LA, U.S.A. 2004, 28 p.

-*Archaeology*, Archeological Institute of America, New Cork, N.Y., Vol. 51, Num. 6 November/December, U.S.A. 1998, 96 p.

-*Arqueología Mexicana*, Vol. II-num. 18, marzo/abril, Editorial Raíces, S.A. de C.V. México 1996, 82 p.

-Bounty Hunter Metal Detectors, Treasure Guide, Vol. IV, U.S.A. 8 p.

-California Mining Journal, issue 1, U.S.A., 2000, 64 p.

-Carson Glenn, *Cache Hunting II*, Carson Enterprises, Deming, New Mexico, U.S.A., 1988, 92 p.

-Carter Siegel, *Como encontrar un Tesoro*, Editorial Posada, S.A. México, 1977, 158 p.

-Contreras, Vázquez Vicente, *Secretos de la Localización de Tesoros*, Segunda Edición, VICOVA, Editores, S.A., México, 1994, 137 p.

-Contreras, Vázquez Vicente, *Tesoros*, Primera Edición, VICOVA Editores, S.A., México, 1922, 440 p. S. A., México 1998, 173 p.

-Cox, Hill, *The Psychology of Treasure Dowsing*, Life Understanding Foundation, Santa Barbara, CA., U.S.A., 1989, 92 p.

-Cuyás, Arturo, *Appleton's New Cuyás Dictionary* fifth Edition, Prentince-Hall, Inc., Englewood Cliffs, New Jersey, 1972 589 p.

-Cuyás, Arturo, *Appleton's New Cuyás Dictionary* sexta Edición, Editorial Cumbre, S.A. México 1966, Vol. I 698 p. Vol. II 589 p.

-Dankowski J. Thomas, *Fisher Intelligence*, 6th Edition, Kennedy Space Center, NASA, FL, U.S.A. 2006, 45 p.

-Detección & Monedas, revista española, 1/07, 2/07, 3/07, 4/08, 5/08.

-Electroscopes, Long Range Bulletin, S. Willamsport, PA., U.S.A.

-Fedory Ed. *The World of the Relic Hunter*, Whites Electronics, Inc. Sweet Home, Oregon, U.S.A., 183 p.

-Fisher Research Laboratory, World Treasure News, Vol. 1, No. 1, U.S.A., 2005. 28 p.

-Fusch, Ed. *The Secret to Successful Prospecting*, Testing & Assaying Gold, Silver, Platinum, Riverside, WA, U.S.A., 85 p.

-Green Rich, *Metal Detection Reconnaissance*, unpublished manuscript, Historic Archaeological Research, 2009, U.S.A., 5 p.

-Garret L. Charles, *Modern Metal Detectors*, 2nd., Edition, Ram Publishing Company, Dallas, Texas, U.S.A., 1995, 432 p.

-Garret L. Charles, *The New Successful Coin Hunting*, Ram Publishing Company, Dallas, Texas, U.S.A., 1989, 259 p.

-Garret L. Charles, *How To Find Lost Treasure*, Ram Publishing Company, Dallas, Texas, U.S.A., 2006, 72 p.

-Gold Prospector, magazine-Detection Passion, magazine, No. 32, No. 33, France., 2001, 55 p.

-Fish L. Frank, *Buried Treasure and Lost Mines*, Amador Publishing Co., Chino, California, U.S.A., 1970, 68 p.

-*Fisher Research*, Special Edition, Jan/feb., U.S.A., 2000, 96 p.

-Hamilton R., *Antiguo Egipto*, Parragon Books Ltd. Barcelona, España. 2006, 256 p.

-J.W. Fishers Manufacturing Inc., Search Team News, 2/1, 3/1, 4/1, 5/1, 6/1, 7/1, 9/1 19/1, 11/1, 12/1, 13/1, 15/1,16/1.

-Laboratory, World Treasure News, Vol. 5, issue 3, U.S.A., 1998-1999. 28 p.

-Lost Treasure Magazine, The Treasure Hunter's Guide to Adventure & Fortune, 2/11, 3/11.

-Lynch, Valiere, *Explorando el Pasado*, Ediciones Anaya, S.A., España. 1973, 46 p.

-Metal Detector Information, Tesoro Electronics, Inc., 13th/1995, 15th/ 1998, Edition, Prescott, Arizona, U.S.A., 62 p.

-Mueller von Karl, *The Coinshooters Manual*, Exanimo Press. Segundo, Colorado, U.S.A., 1984, 47 p.

-Parnwell, E C, *Oxford English Picture Dictionary*, Oxford University Press, Hunterprint Ltd., Radlett, Herts, Great Britain, 1977, 88 p.

-Pickford, Nigel, *Atlas de Tesoros Hundidos*, Editorial Diana, S.A., México, 1991, 160 p.

-Popular Mechanics, No. 5 Vol/172, U.S.A. 1995. 152 p.

-Ramos Meza Ernesto, *Arqueópatología*, Instituto Jaliciense de Antropología e Historia, México, 1960, 46 p.

-Reader's Digest, *Civilizaciones desaparecidas*, Selecciones México, S.A. de C.V. 2005, 320 p.

-Reader's Digest, *Gran Diccionario Reader's Digest*, Reader's Digest Argentina S.R.L. 2002 1152 p.

-Ryland, Stephen, *Deep Treasure and Cache Location with the Fisher Gemini-3*, U.S.A., 1993, 93 p.

-Saber Electrónica, Construya un Detector de Metales. Edición Mexicana, Numero de colección 73, México, 1996. 77 p.

-Schwarz T. Georg, *Arqueólogos en Acción*, Fondo de Cultura Económica, México, 256 p.

-Stout, Dick, *Where to Find Treasure*, Whites Electronics, Inc. Sweet Home, Oregon, U.S.A., 74 p.

-Stout, Dick, *Coin Hunting in Depth*, Whites Electronics, Inc. Sweet Home, Oregon, U.S.A., 160 p.

-Stuart, Gene & George, *Los Reinos Perdidos de los Mayas*, Nacional Geographic Society, Edición español RBA. Libros S.A. Barcelona, España. 1993, 248 p.

-Southworth J.R., *Las Minas de México, The Mines of Mexico*, In Spanish and English, Blake & Mackenzie, Liverpool, England, 1905, 260 p.

-Tapie, Gómez Pablo, *Fundamentos de Electricidad*, Loera Chávez Hnos. Compañía Editorial, S.A., México, 1982, 52 p.

-Terry P. Thomas, *Doubloons & other buried treasure*, Specialty Publishing Company, La Crosse, Wisconsin, U.S.A., 1970, 139 p.

-Terry P. Thomas, *World Treasure Atlas*, Specialty Publishing Company, La Crosse, Wisconsin, U.S.A., 1978, 144 p.

-Warner R. James, *Search*, Futura Printing, Inc., Boyton Beach, Florida, U.S.A., 1982, 136 p.

-Welton, Thomas, *Jacob's Rod*, London, U.K., 1900, 128 p.

-Western & Eastern Treasures, Magazines for Metal Detectorists, 4/91, 9/99, 10/99, 11/99, 12/99, 1/00, 2/00, 3/00, 4/00, 5/00, 6/00, 7/00, 8/00.

Sitios de internet:
Web sites:

www.explainthatstuff.com
www.howmetaldetectorswork.com
www.accuratelocators.com
www.lrlman.com
www.wikipedia.com

ACERCA DEL AUTOR:

José Antonio Agraz Sandoval, nació en 1971, vive en la zona del Bajío en el centro de México. Desde 1989 es un activo buscador de metales antiguos como "reliquias", tesoros y restos arqueológicos de culturas prehispánicas. Construye algunos de sus propios detectores, arma "Kits" para detectores de metal como experimento y estudio, asimismo repara detectores descompuestos, se reúne en un club de amigos exploradores de México y España en los que usan detectores de metal para buscar los metales en lugares arqueológicos así como en áreas donde se ubican las ex haciendas, casas y áreas históricas de México, además relaciona y colecciona la documentación, ayudando en la elaboración y redacción de muchas historias de tesoros, le gusta coleccionar detectores de cualquier tecnología, mantiene relación con aficionados, asociaciones, instructores y empresarios en la industria de la detección de metales en varios países, la mayor parte del tiempo libre la ocupa en investigar, explorar, viajar, leer, escribir y estudiar todo lo relacionado a los detectores de metal, responde a cualquier duda o comentario en idioma español y en ingles a través de la dirección electrónica: antonio.agraz.s@gmail.com

ABOUT THE AUTHOR:

Jose Antonio Agraz Sandoval, born in 1971, lives in the Bajio region in central Mexico. Since 1989 he has been an active seeker of ancient metals as "relics", and archaeological treasures of pre-Hispanic cultures. He has built some of his own sensors, weapon "Kits" for metal detectors as an experiment and to study. He also repairs broken detectors, belongs to a club of Mexican and Spanish friends and fellow explorers. They search for metals in places and archaeological areas that are located in the former estates, homes and historic areas of Mexico. He completes the related documentation and assists in the preparation and drafting of many stories of treasures. Like any technology, searchers collect, maintain relationship with fellow searchers, associations, trainers and entrepreneurs in the industry of metal detection in several countries. Most of his free time is occupied in investigating, exploring, traveling, reading, writing and studying everything about metal detectors. He will try to answer any questions or comments in Spanish and English through e-mail address: antonio.agraz.s@gmail.com

El autor. / The author.

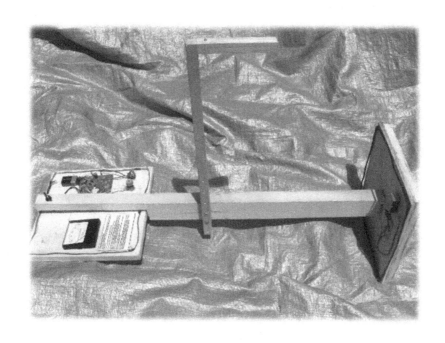

El primer detector construido por el autor en su juventud.
The first detector built by the author in his youth.

NOTAS

NOTAS

NOTES

NOTES